植物名實圖考校注

〔清〕吴其濬 撰
欒保群 校注

下

中華書局

植物名實圖考卷之一　穀類

薏苡 6

胡麻 1

赤小豆 7

大麻 3

白大豆 10

白緑小豆 8

粟 11

大豆 8

小麥 12

穬麥 13

大麥 13

梁 14

稷 19

藊豆 15

湖南稷子 21

黍 17

稻 23

青稞麥 26

雀麥 25

東廧 27

蕎麥 31

黎豆 29

威勝軍亞麻子 31

緑豆 29

蠶豆 32

稔頭 45

蜀黍 33

植物名實圖考卷之二　穀類

稗子 47

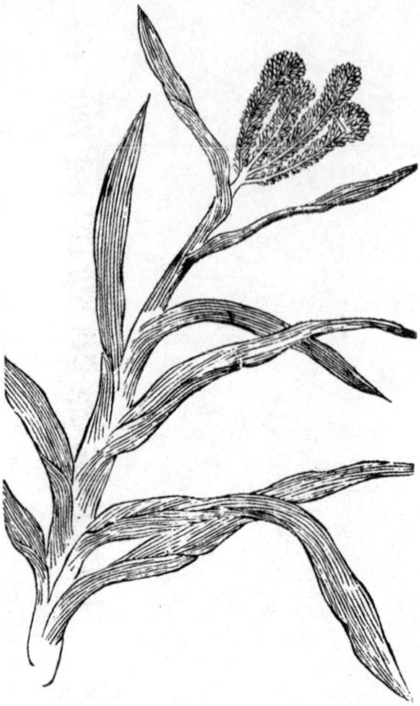

穇子 48

光頭稗子 48

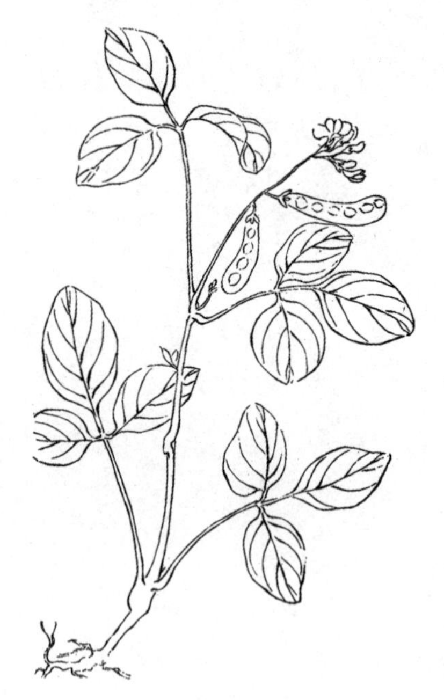

山黑豆 49

川穀 52

山菉豆 51

山扁豆 52

苦馬豆 51

燕麥 56

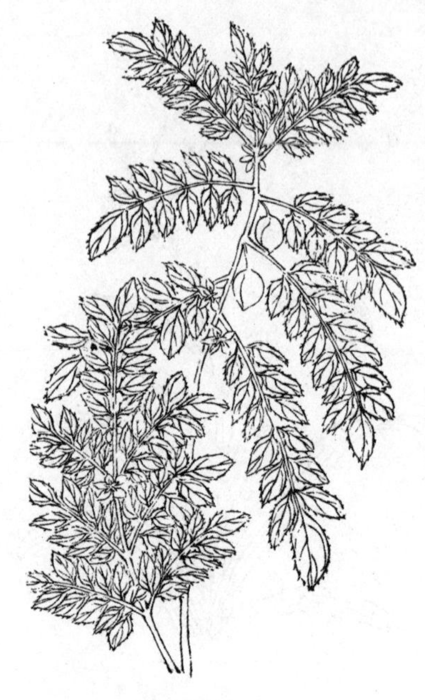

回回豆 53

胡豆 57

野黍 53

豌豆 58

玉蜀黍 58

刀豆 60

豇豆 58

雲藊豆 62

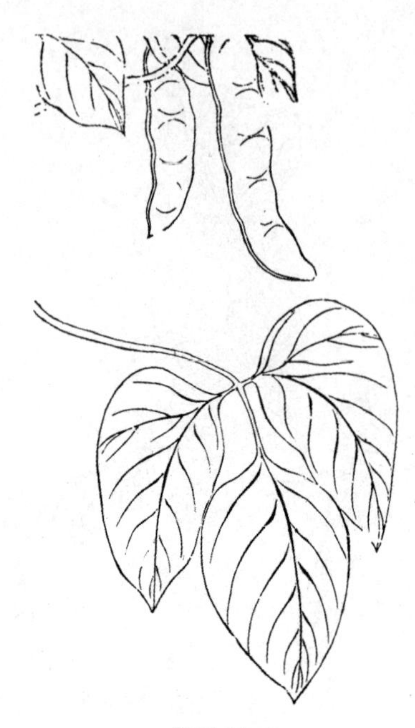

龍爪豆 60

烏嘴豆 62

龍爪豆 62

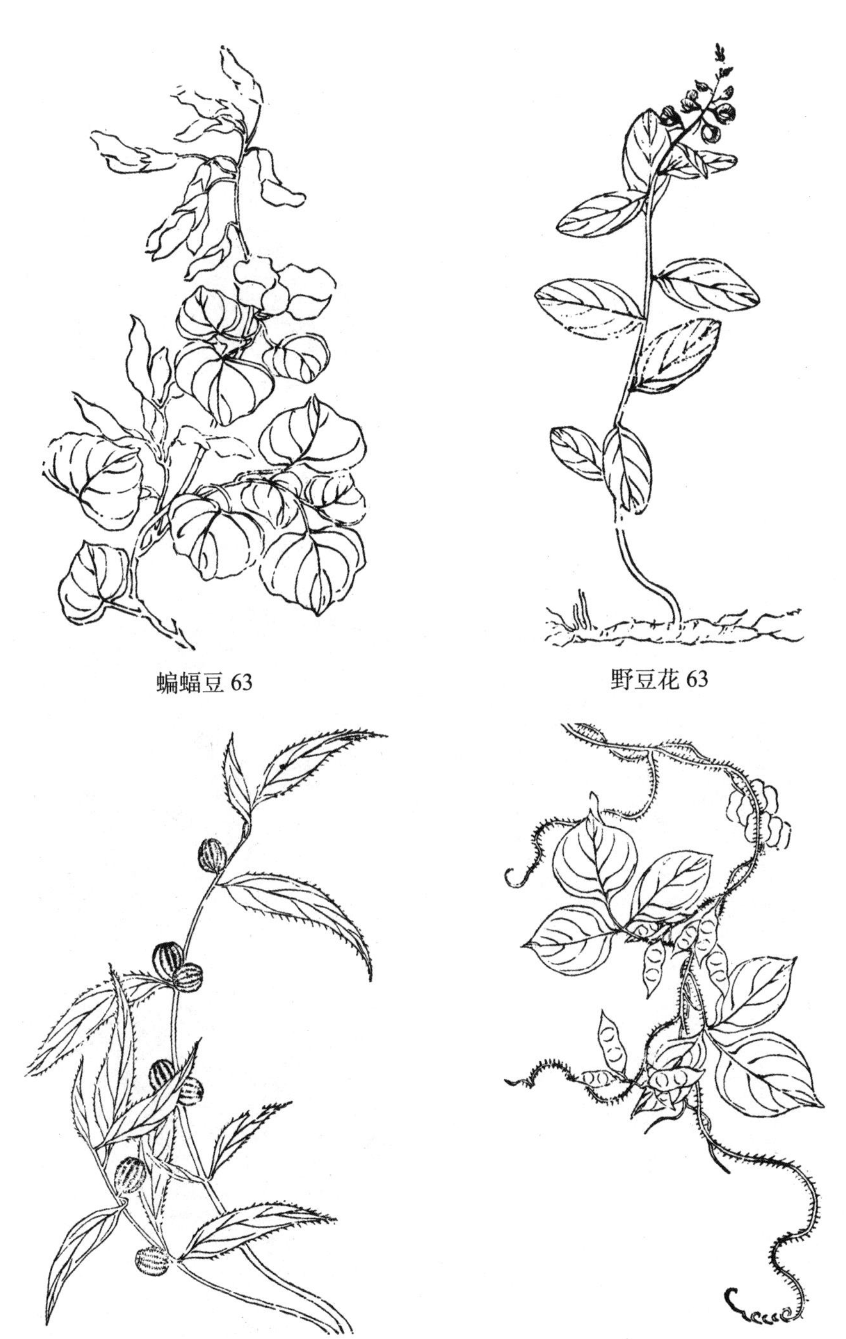

蝙蝠豆 63

野豆花 63

黄麻 63

黑藥豆 63

山黄豆 63

山西胡麻 64

植物名實圖考卷之三　蔬類

錦葵 71

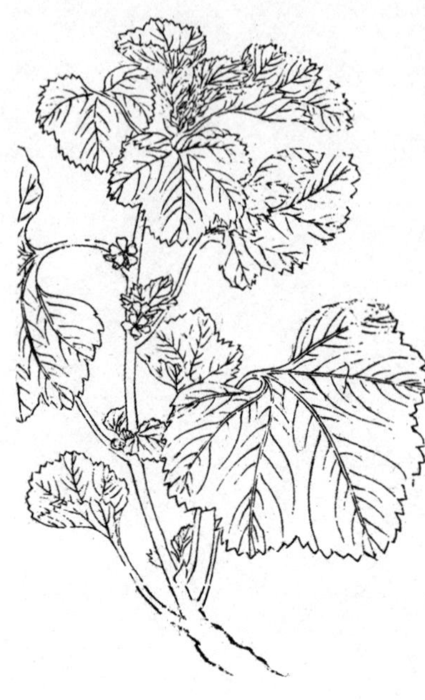

冬葵 65

菟葵 72

蜀葵 70

人莧 74

莧 74

馬齒莧 75

野莧 74

光葉苦蕒 79

菥蓂 77

滇苦菜 80

苦菜 77

苣蕒菜 80

家苣蕒 81

野苦蕒 81

紫花苦苣 81

百合 84

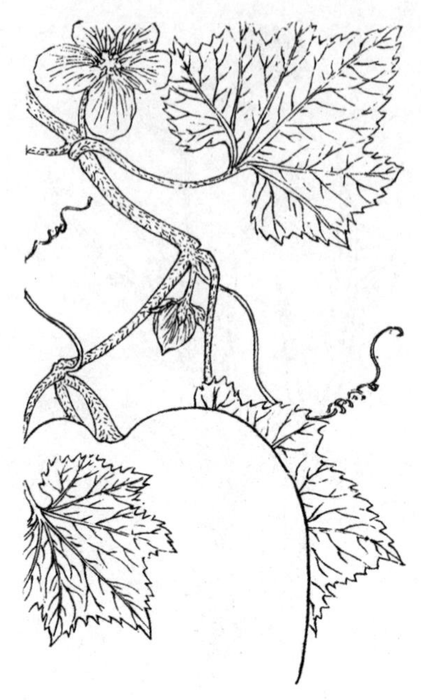

冬瓜 82

山丹 84

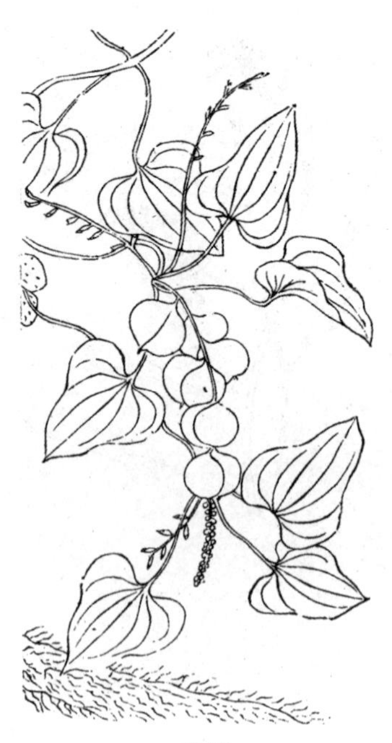

薯蕷 82

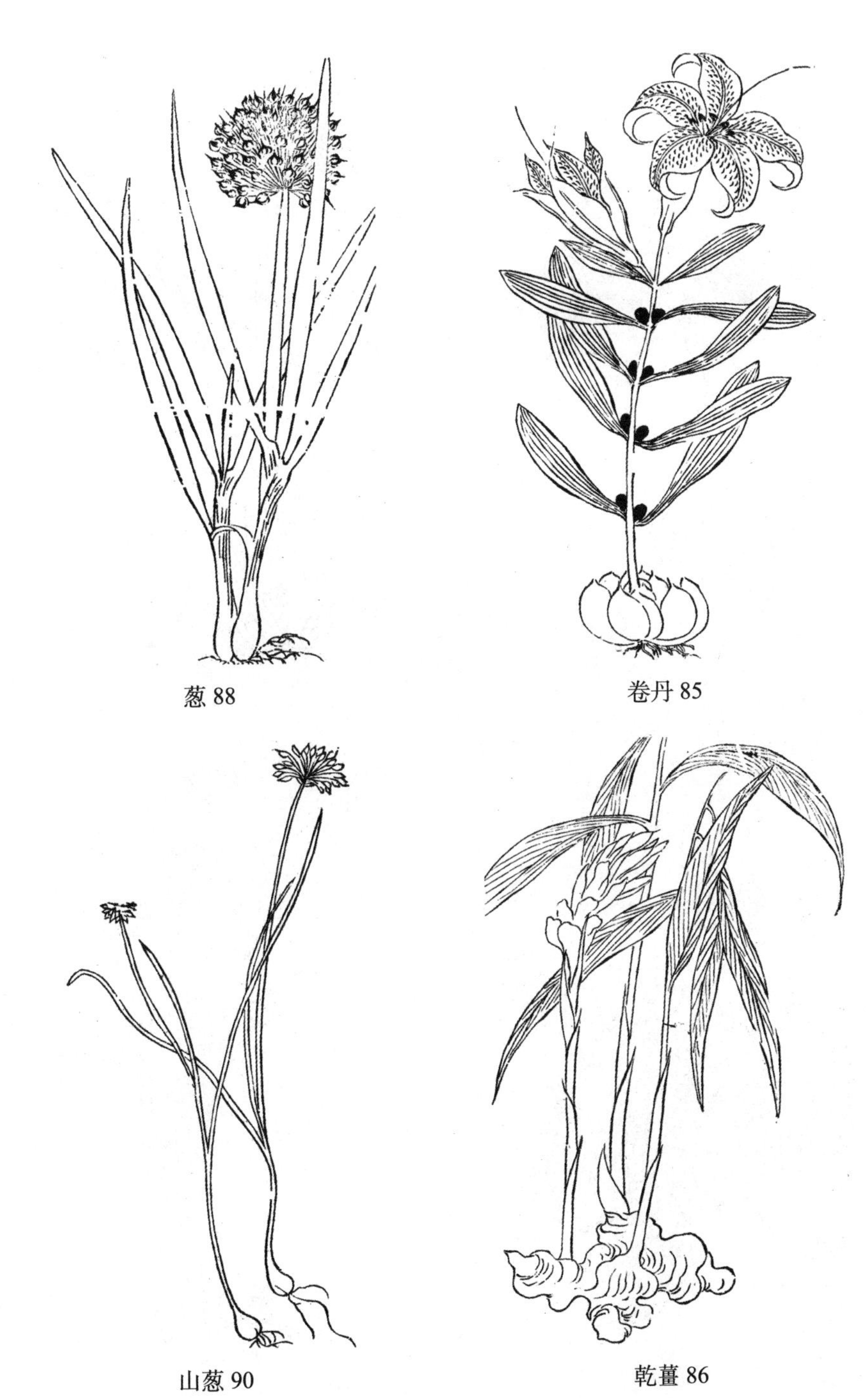

葱 88

卷丹 85

山葱 90

乾薑 86

薤 91

山薤 92

苦瓠 93

水蘄 95

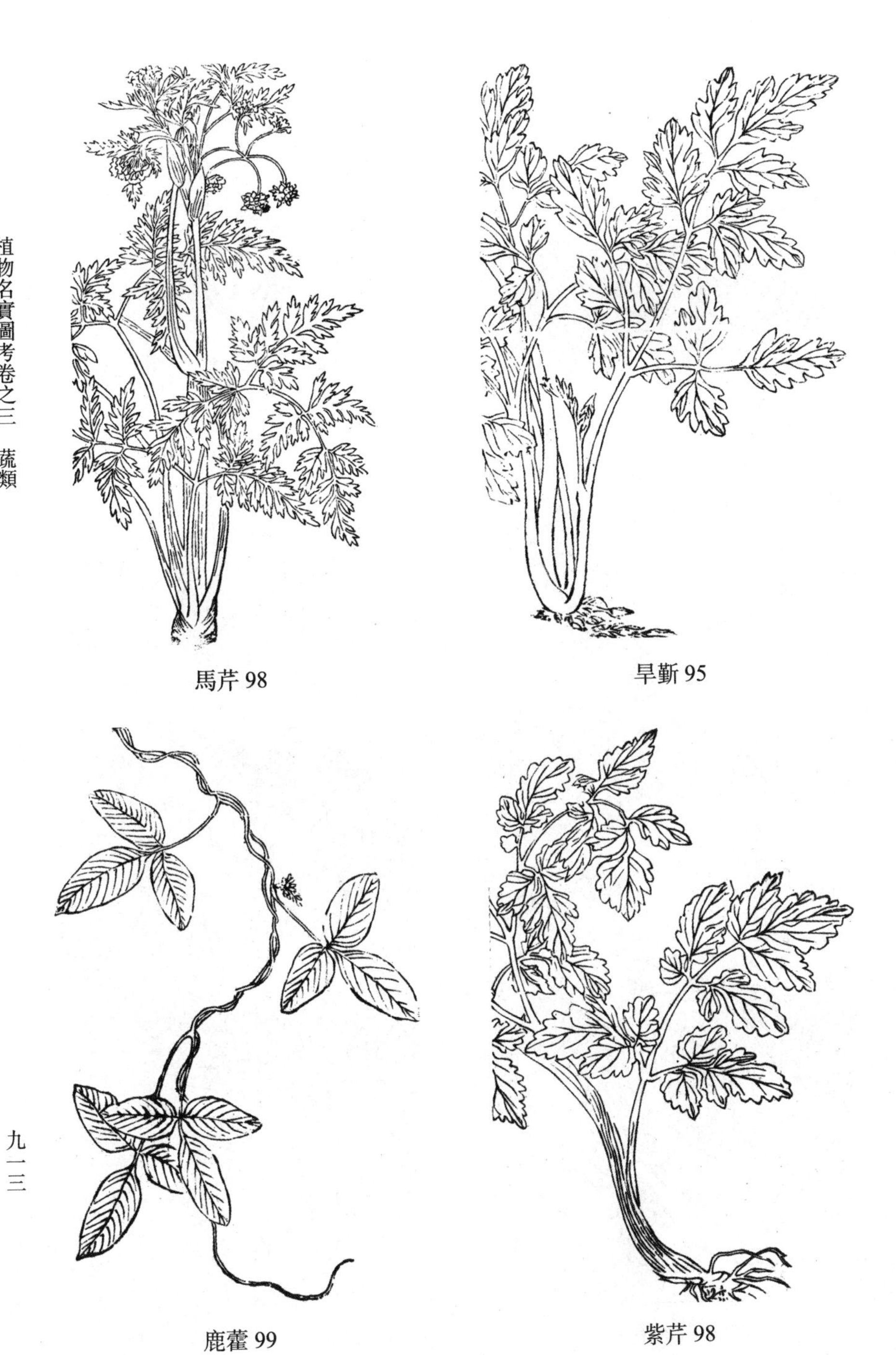

馬芹 98

旱蘄 95

鹿藿 99

紫芹 98

薺 99

菘 101

烏金白 103

葵花白菜 103

苜蓿 105

芥 103

野苜蓿 107

花芥 104

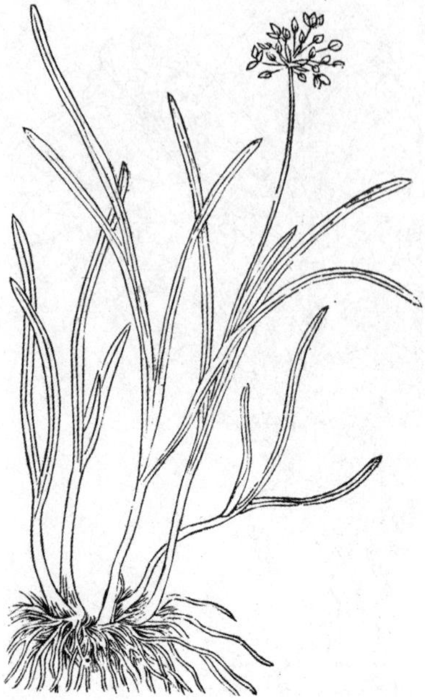

韭 115

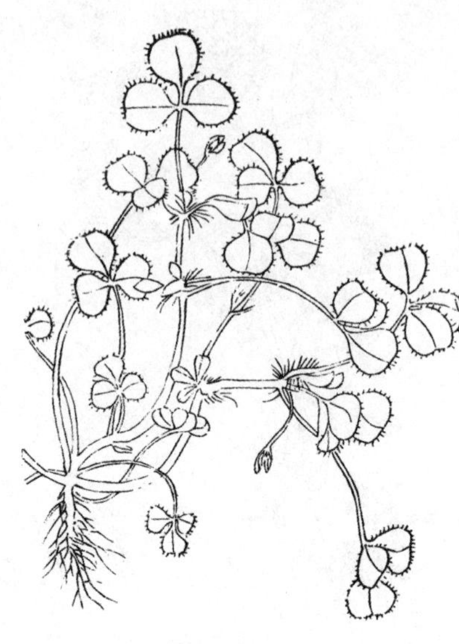

野苜蓿 107

山韭 118

蕪菁 107

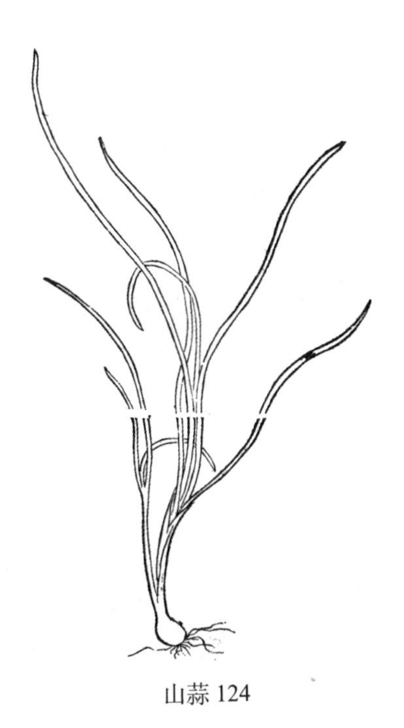

山蒜 124

蘘荷 119

蒜 122

植物名實圖考卷之四　蔬類

菾菜 127

落葵 131

芋 128

繁縷 131

蕓薹菜 132

雞腸草 132

蘹香 134

蕺菜 132

蕨 136

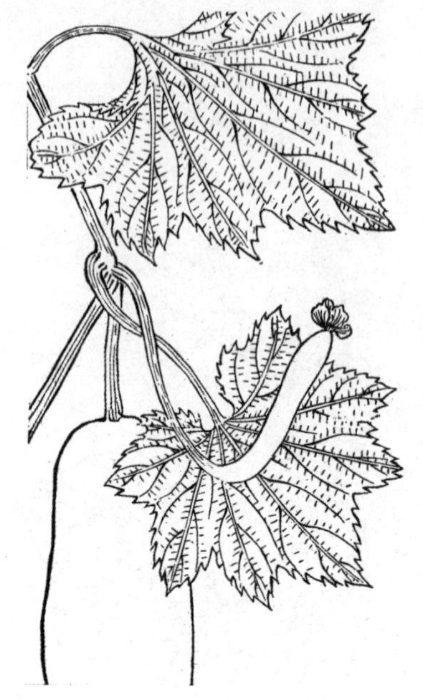

瓠子 134

薇 138

萊菔 134

甘藍 140

野豌豆 138

萵苣 141

翹摇 139

東風菜 143

白苣 142

越瓜 143

蒔蘿 142

茄 143

茼蒿 145

胡荽 144

邪蒿 145

灰藋 147

羅勒 146

蕹菜 149

菠薐 146

草石蠶 150

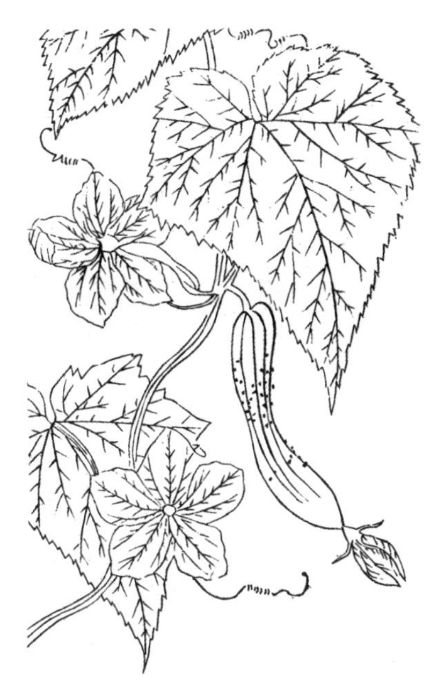

胡瓜 150

白花菜 151

資州生瓜菜 150

黄瓜菜 151

植物名實圖考卷之五　蔬類

野園荽 153

野胡蘿蔔 153

遏藍菜 154

地瓜兒苗 153

星宿菜 154

地梢瓜 155

苦瓜 154

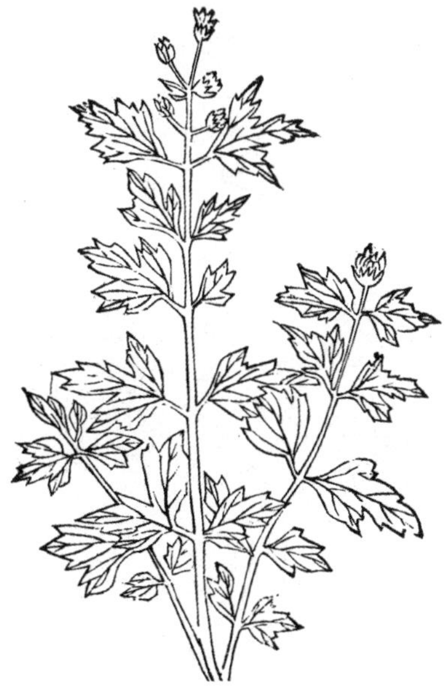

水蘇子 156

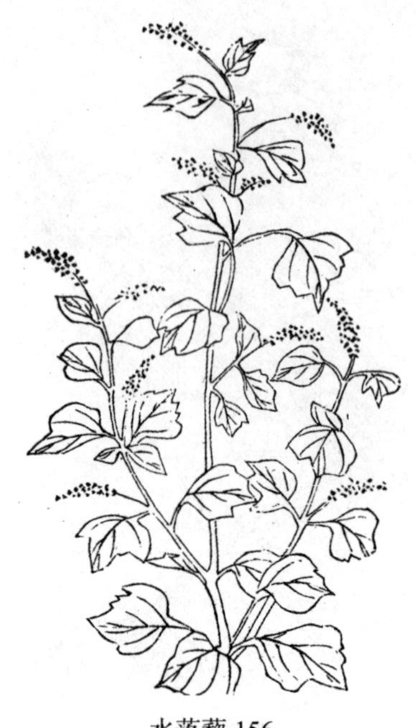

水落藜 156

水蘿蔔 157

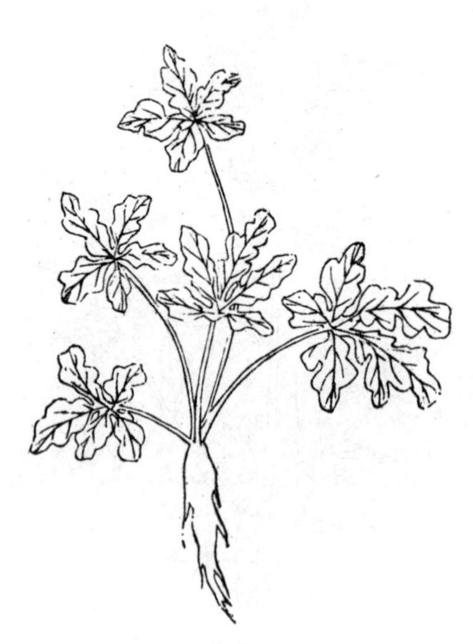

山蘿蔔 157

石芥 157

山苦蕒 157

山宜菜 158

山白菜 158

綿絲菜 158

鴉葱 158

節節菜 159

山葱 159

老鴉蒜 159

野蔓菁 160

山萵苣 159

水蔓菁 160

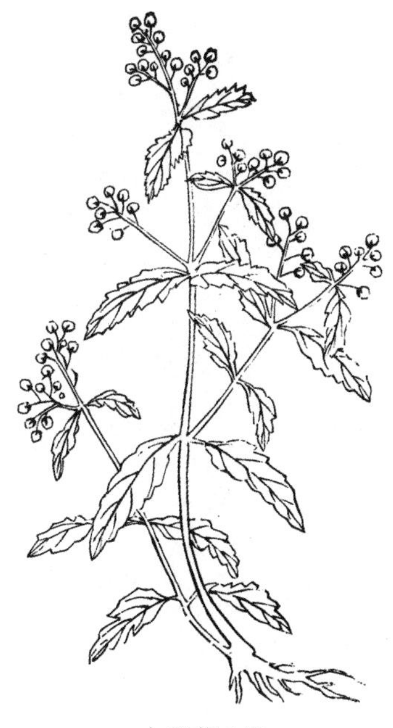

水萵苣 160

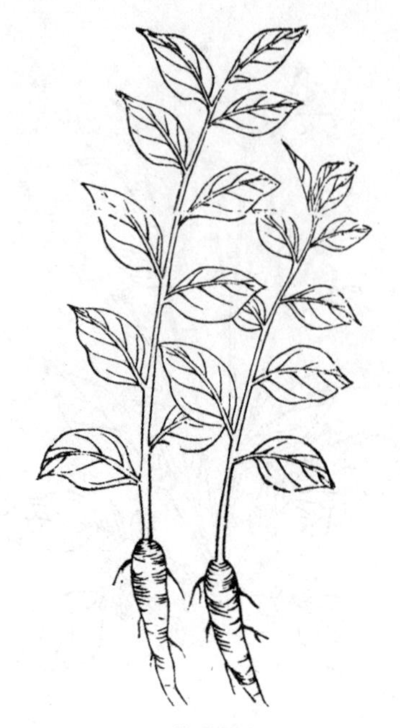

山蔓菁 160

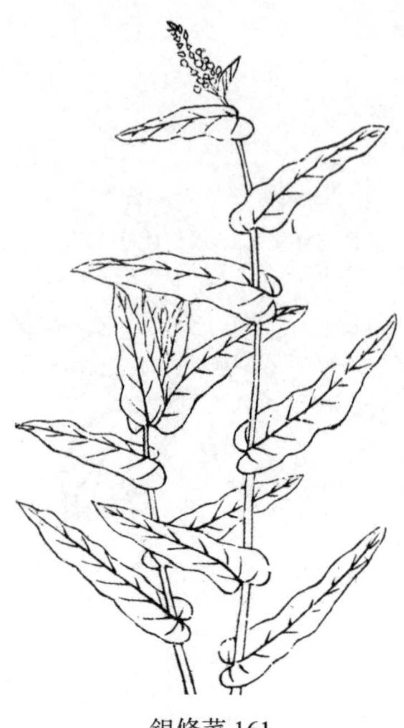

銀條菜 161

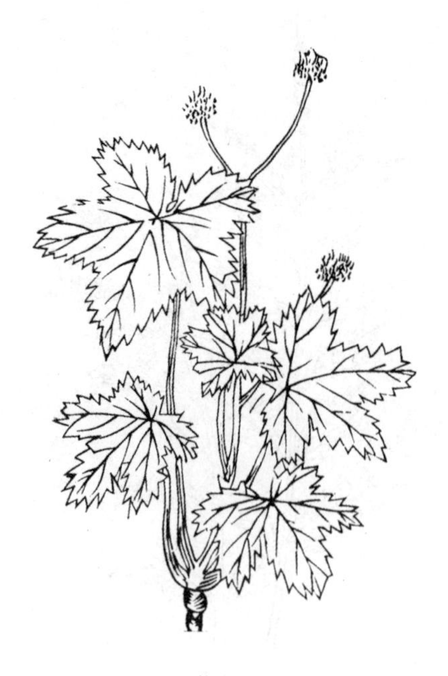

山芹菜 161

珍珠菜 161

蔦兒菜 162

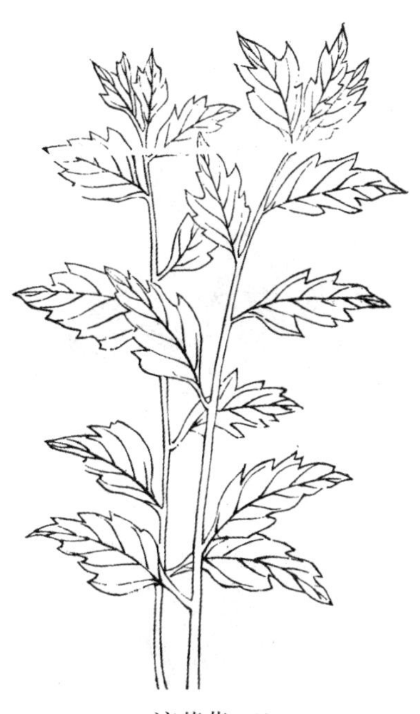

涼蒿菜 162

歪頭菜 162

雞腸菜 162

毛女兒菜 163

蠍子花菜 163

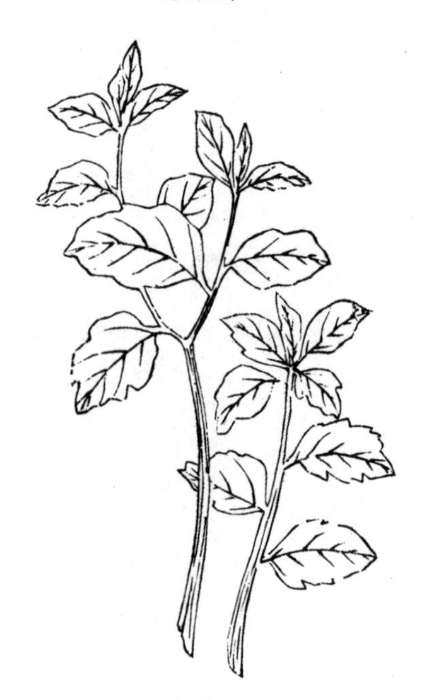
甌菜 163

耬斗菜 163

獐牙菜 164

杓兒菜 164

水辣菜 164

變豆菜 164

委陵菜 165

獨行菜 165

女婁菜 166

葛公菜 165

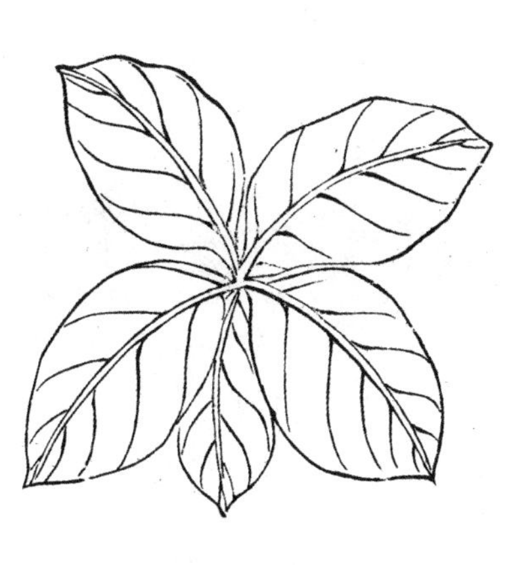

舌頭菜 166

麥藍菜 166

柳葉菜 167

匙頭菜 166

辣辣菜 167

山甜菜 167

青莢兒菜 167

粉條兒菜 167

雨點兒菜 168

八角菜 168

白屈菜 168

地棠菜 168

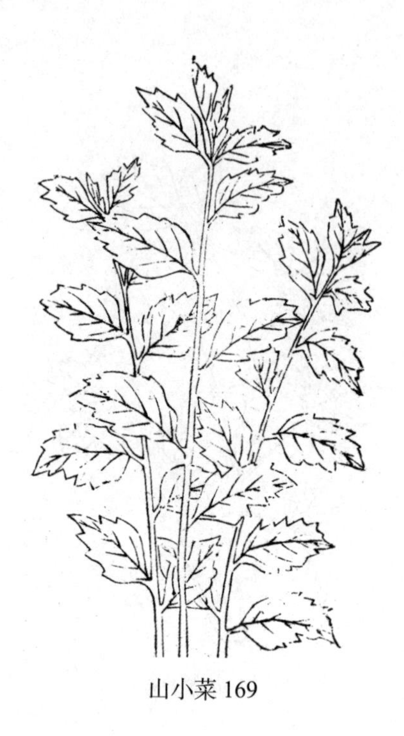

山小菜 169

蚵蚾菜 169

獾耳菜 169

山梗菜 169

泥胡菜 170

回回蒜 170

山蓊菜 170

地槐菜 170

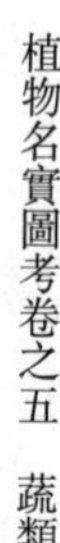

牛尾菜 171

費菜 171

紫雲菜 171

植物名實圖考卷之六　蔬類

胡蘿蔔 175

甘藷 173

南瓜 176

蔊菜 175

絲瓜 176

套瓜 177

攬絲瓜 177

水壺盧 177

芥藍 179

排菜 178

木耳菜 180

霍州油菜 179

辣椒 181

野木耳菜 180

豆葉菜 182

諸葛菜 181

稻槎菜 183

綿絲菜 184

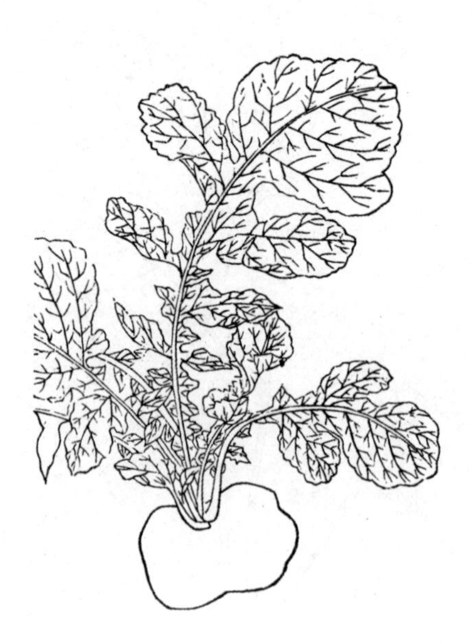
油頭菜 183

山百合 185

高河菜 185

紅百合 185

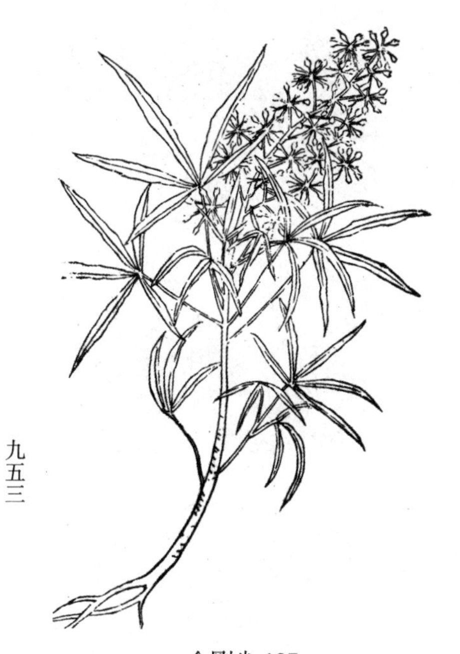
金剛尖 187

緑百合 185

蕨萁 188

芝麻菜 187

紫薑 188

陽芋 187

珍珠菜 190

陽藿 188

木槿子 190

植物名實圖考卷之七　山草

甘草 196

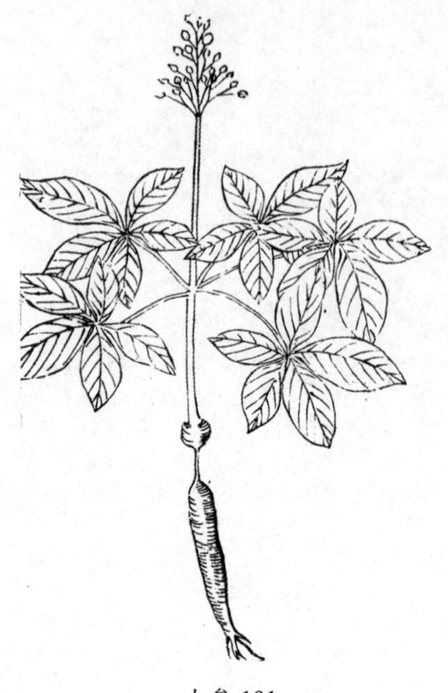

人参 191

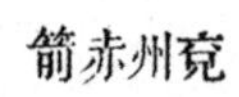

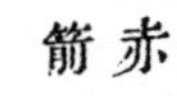

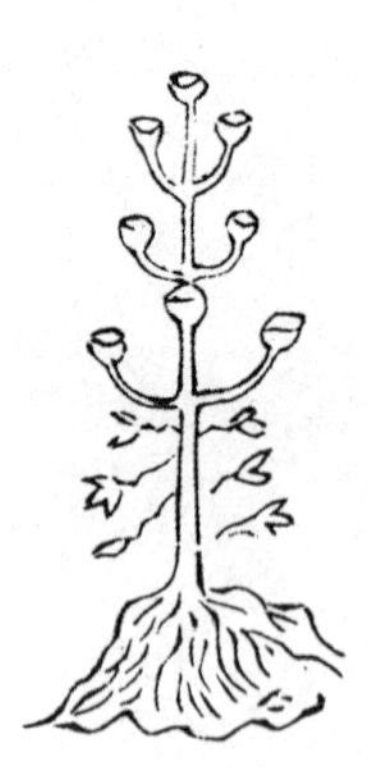

赤箭 197

黄耆 192

遠志 199

术 197

遠志 199

沙參 199

肉蓯蓉 202

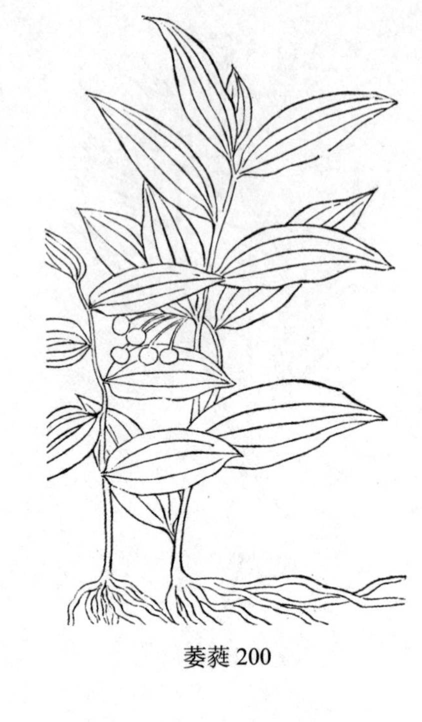

萎蕤 200

升麻 202

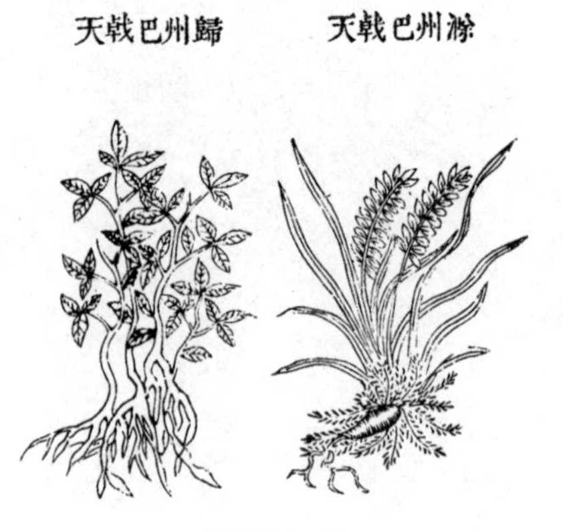

巴戟天 202

防風 207

丹參 205

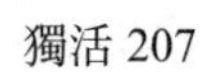

獨活 207

徐長卿 205

大柴胡 211

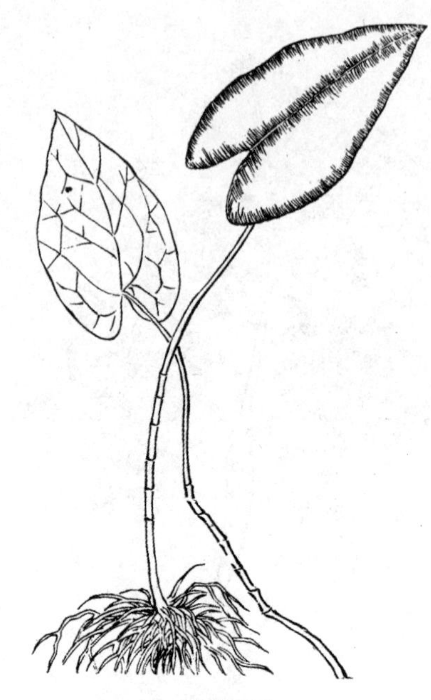

細辛 207

廣信柴胡 211

柴胡 209

防葵 212

小柴胡 211

黄芩 214

黄連 211

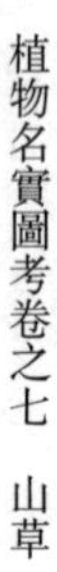

知母 217

白微 217

貝母 217

白鮮 217

元参 218

紫草 219

紫参 218

秦艽 220

黨參 221

植物名實圖考卷之八　山草

王孫 223

淫羊藿 223

地榆 224

狗脊 223

白茅 229

苦參 224

菅 230

龍膽 225

白及 231

黄茅 230

白頭翁 232

桔梗 231

貫衆 232

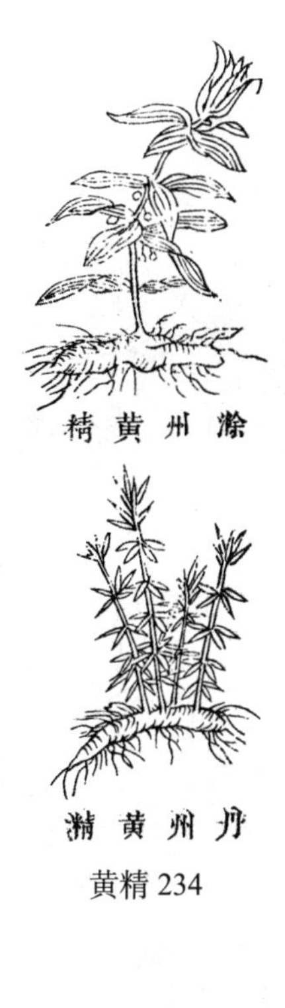

黄精 234

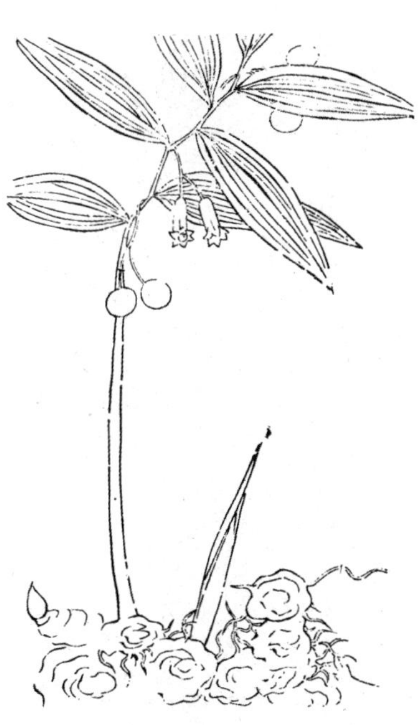
黄精 234

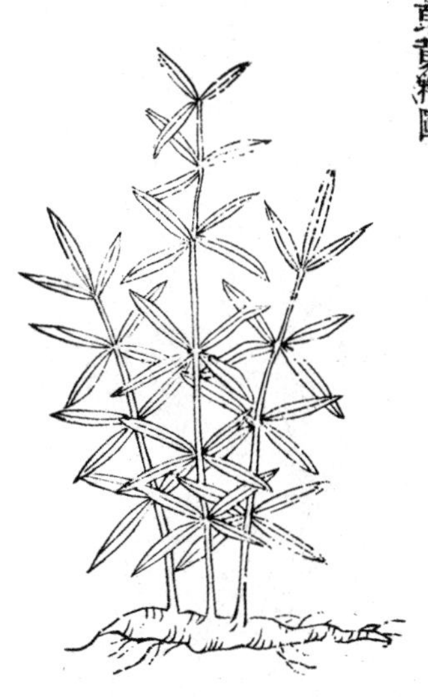

黄精苗 236

墓頭回 236

前胡 237

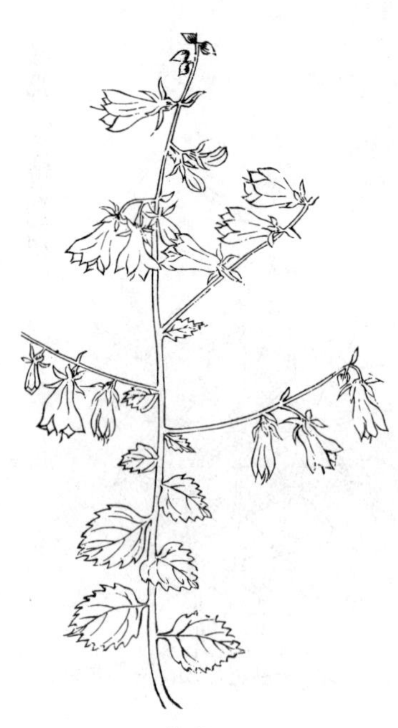
薺苨 237

白前 238

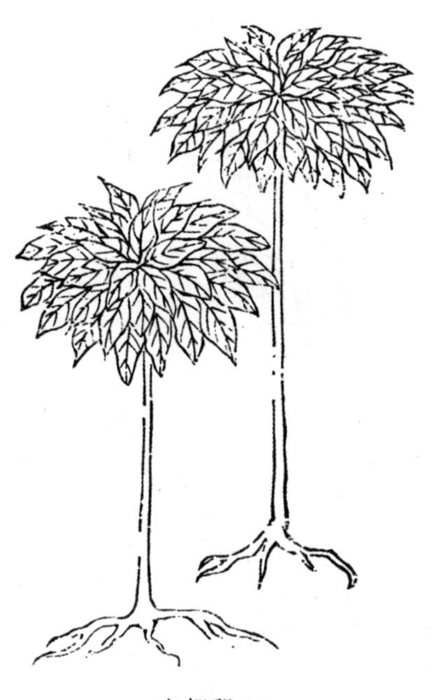

鬼都郵 242

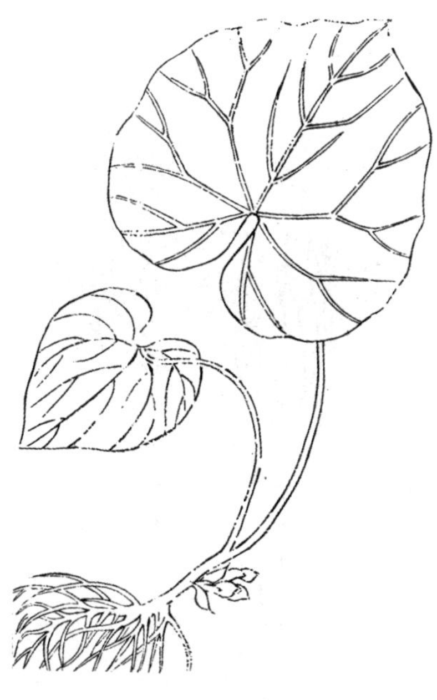

杜蘅 239

芒 245

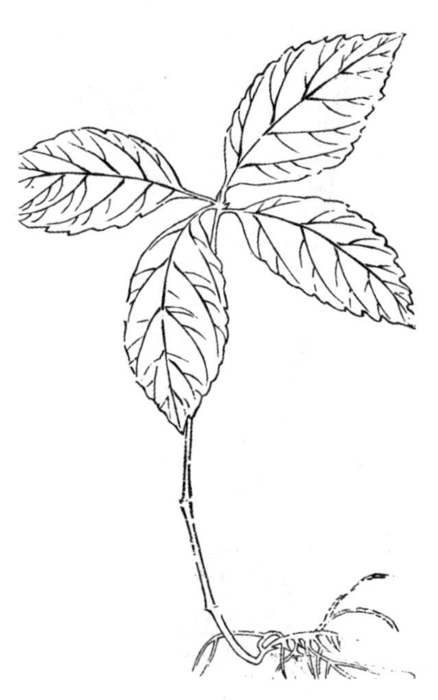

及己 242

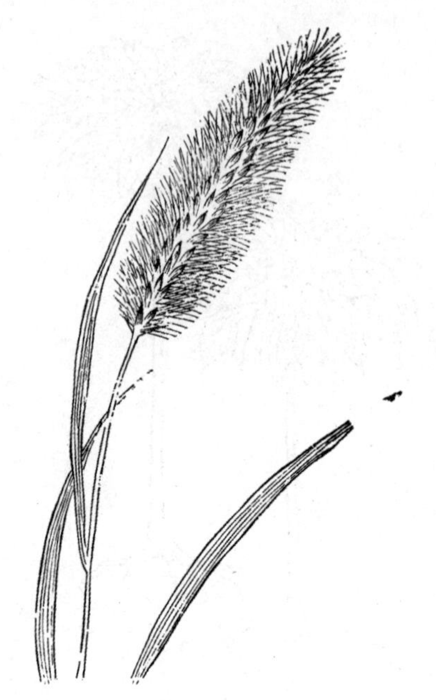

莀草 245

辟虺雷 246

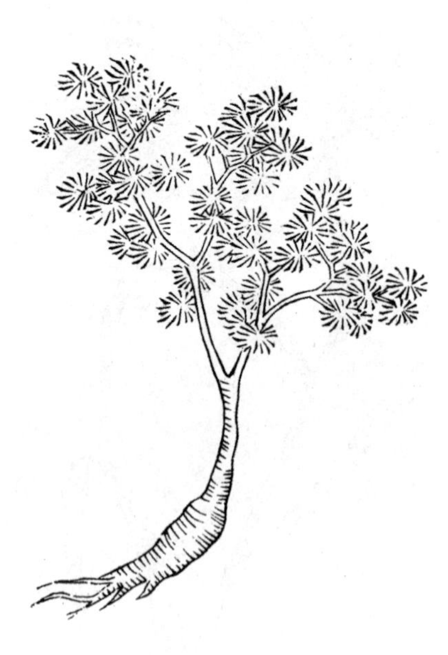

長松 246

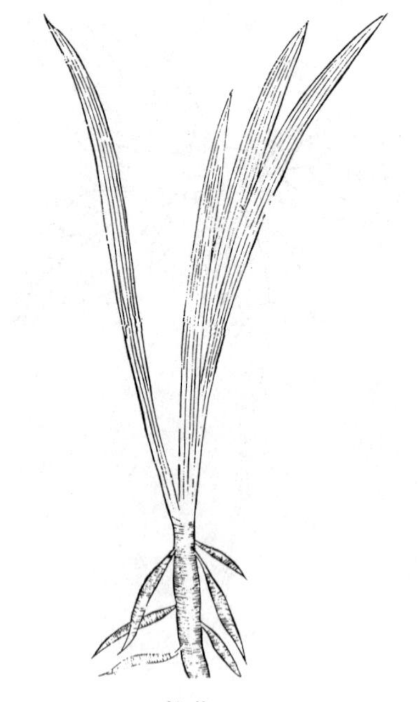

仙茅 246

麥條草 247

延胡索 246

白馬鞍 247

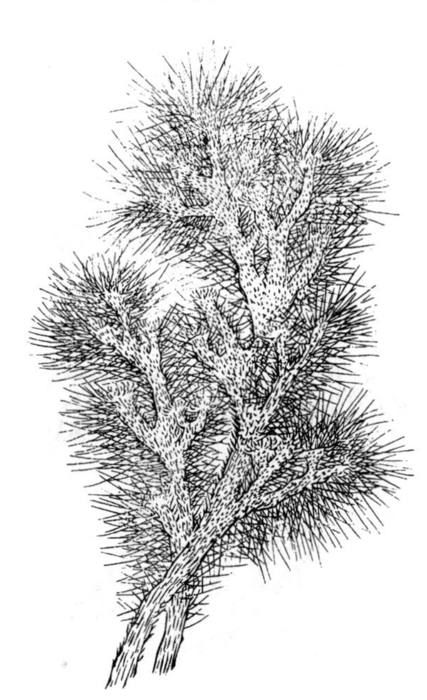

鬼見愁 247

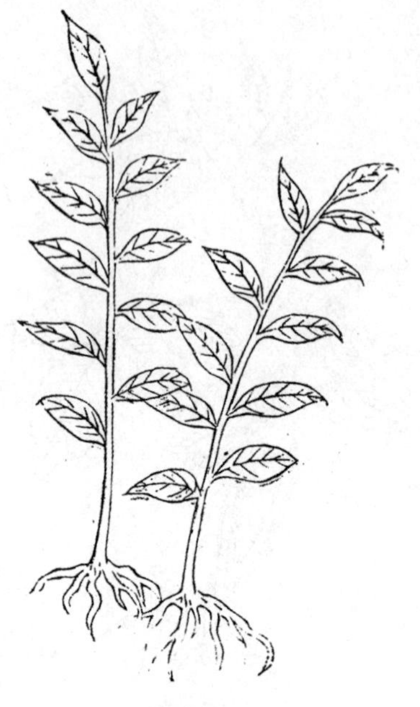
硃砂根 247

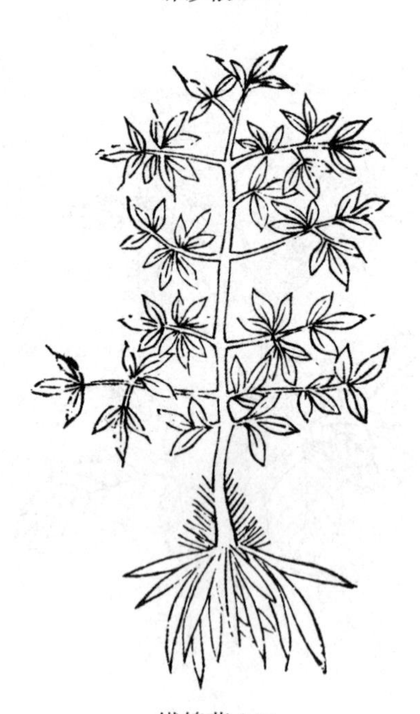
鐵線草 247

都管 248

永康軍紫背龍牙 248

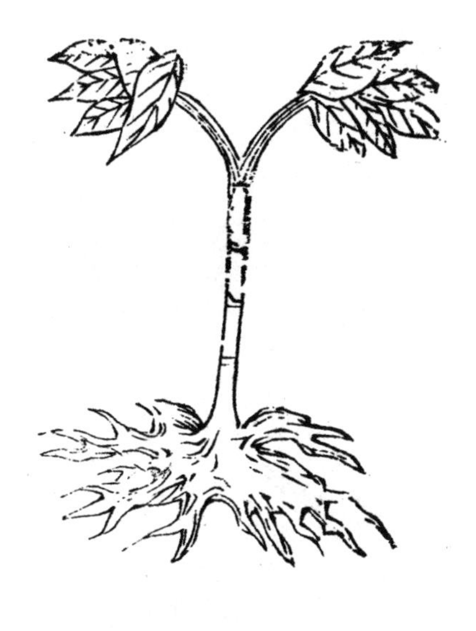

施州半天回 248

施州龍牙草 249

施州露筋草 248

施州小兒群 249

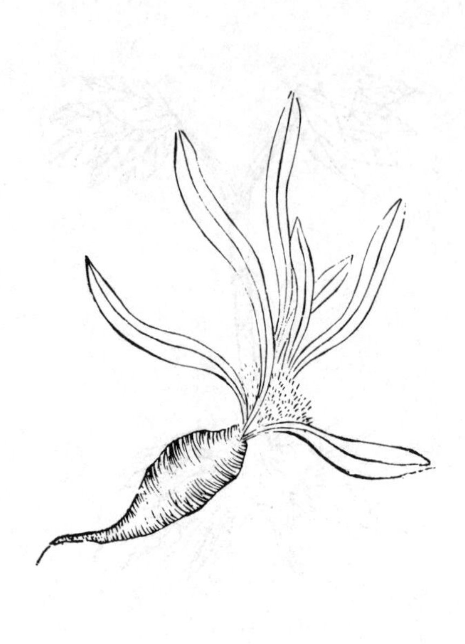

威州根子 250

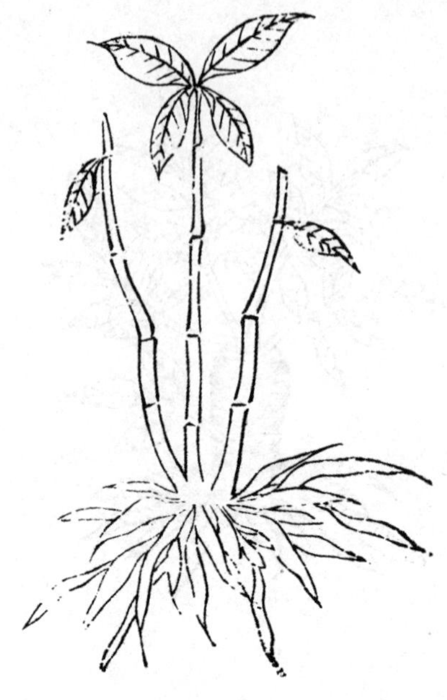

施州野蘭根 249

天台山黄寮郎 250

天台山百藥祖 250

信州紫袍 251

天台山催風使 250

福州瓊田草 251

半邊山 250

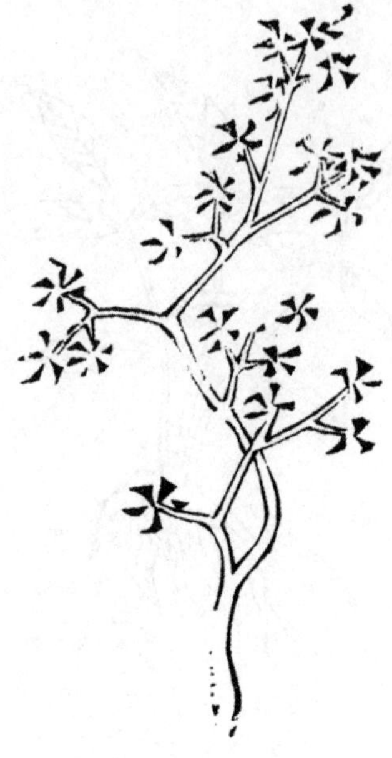

福州赤孫施 251

福州建水草 251

信州鴆鳥威 252

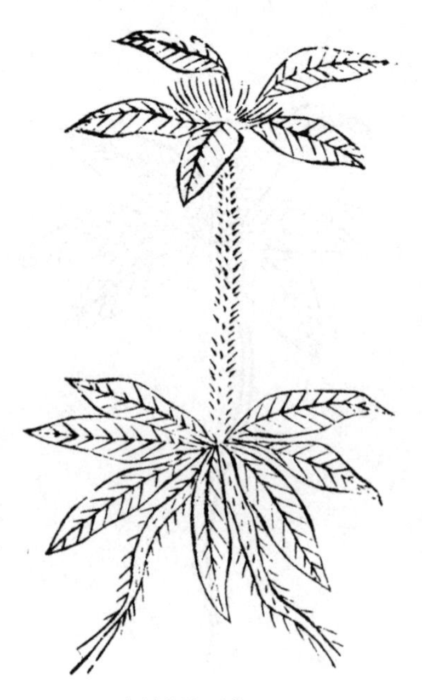

福州雞項草 251

鎖陽 252

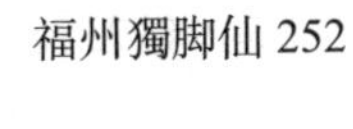

福州獨脚仙 252

通草 252

信州茆質汗 252

通草 252

細葉沙參 255

杏葉沙參 255

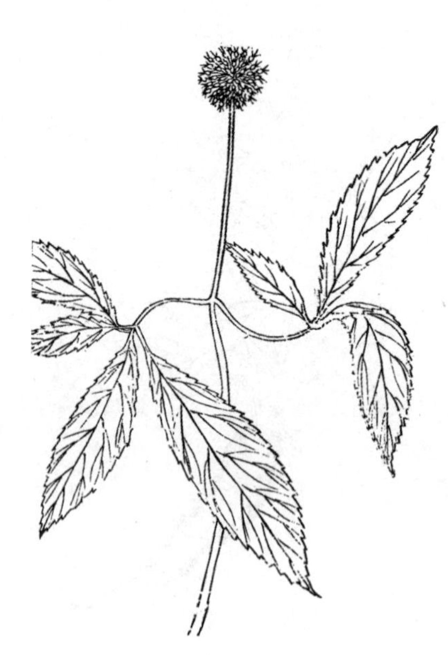

三七 255

錦地羅 257

植物名實圖考卷之九　山草

紅絲線 259

平地木 259

雞公柴 259

六面珠 259

紫藍 260

鴉鵲翻 260

牛金子 260

細亞錫飯 260

滿山香 261

天茄 261

風車子 261

馬甲子 261

鐵拳頭 262

張天剛 262

大葉青 262

樓梯草 262

紅小姐 263

小青 263

九管血 263

紅孩兒 263

朝天一柱 264

四大天王 263

土風薑 264

短脚三郎 264

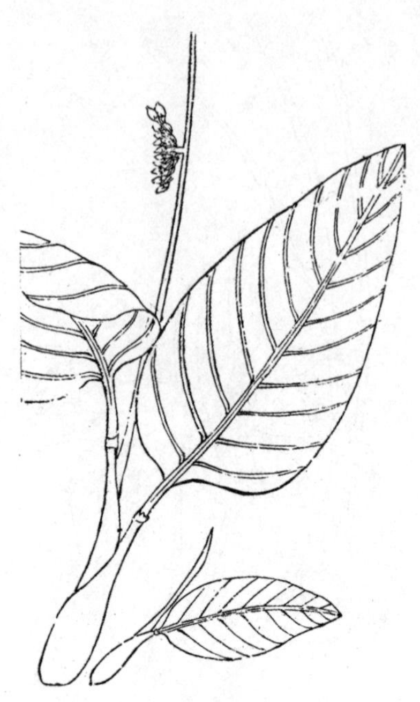

柊葉 265

見腫消 264

觀音座蓮 266

薯莨 264

觀音竹 266

金雞尾 266

鐵燈樹 267

合掌消 266

鐵骨散 267

鐵樹開花 267

土三七 268

一連條 267

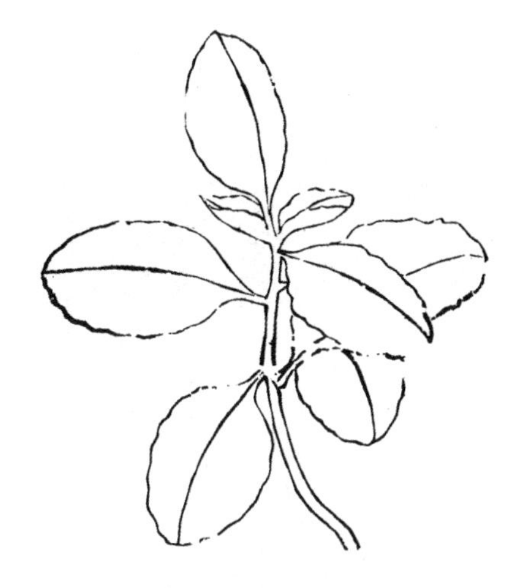

土三七 268

洞絲草 269

土三七 268

紫喇叭花 269

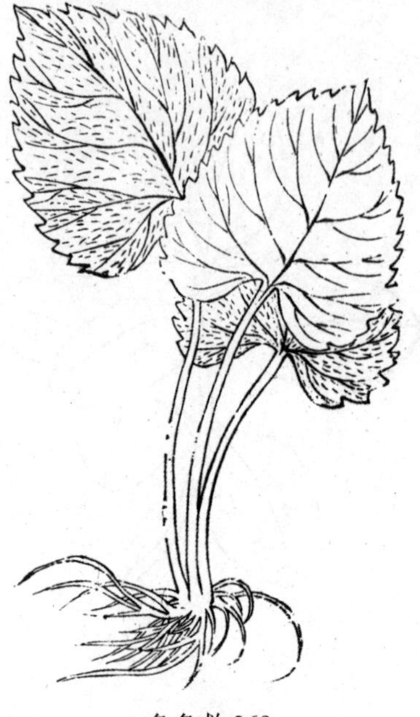
急急救 269

水晶花 269

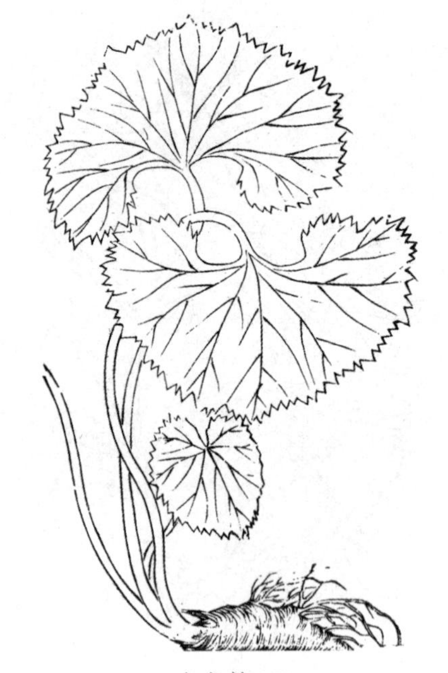
急急救 270

水晶花 269

肺筋草 270

山芍藥 270

翦刀草 270

香梨 270

鐵繖 271

四季青 271

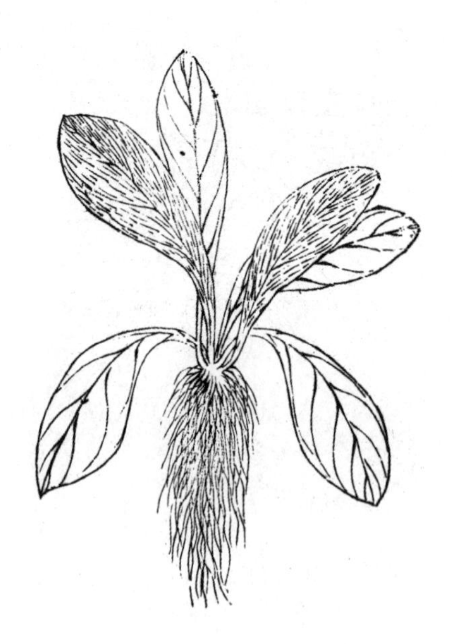

一枝香 271

白頭翁 271

七厘麻 272

鹿銜草 272

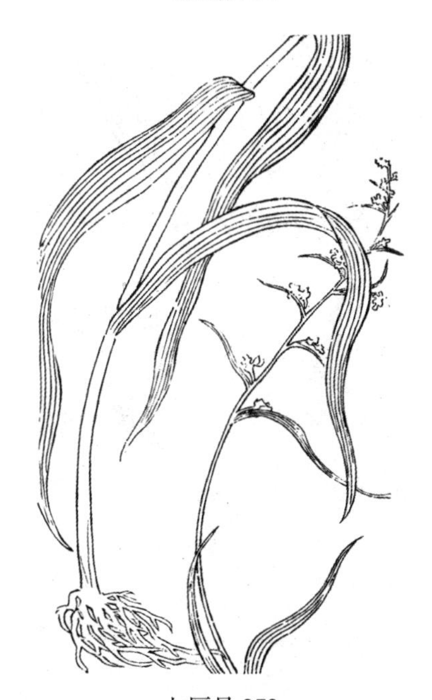

七厘丹 272

紫背草 272

蜘蛛抱蛋 273

白如椶 273

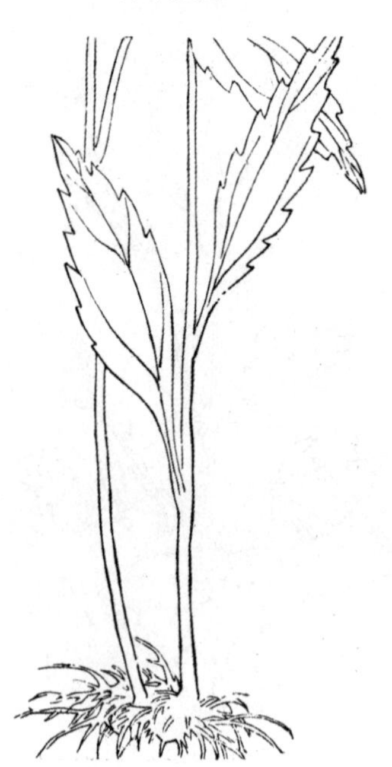

菜藍 273

雞脚草 273

山柳菊 274

地茄 274

野山菊 274

仙人過橋 274

一枝黄花 274

植物名實圖考卷之十　山草

小槐花 276

山馬蝗 275

無名一種 276

和血丹 275

土常山 277

白鮮皮 276

土常山 277

土常山 276

野南瓜 278

土常山 277

釘地黄 278

黎辣根 277

細米條 278

釘地黄 278

山胡椒 279

美人嬌 278

山豆根 279

千觔拔 279

陰行草 280

青莢葉 279

省頭草 281

九頭師子草 280

葉下紅 281

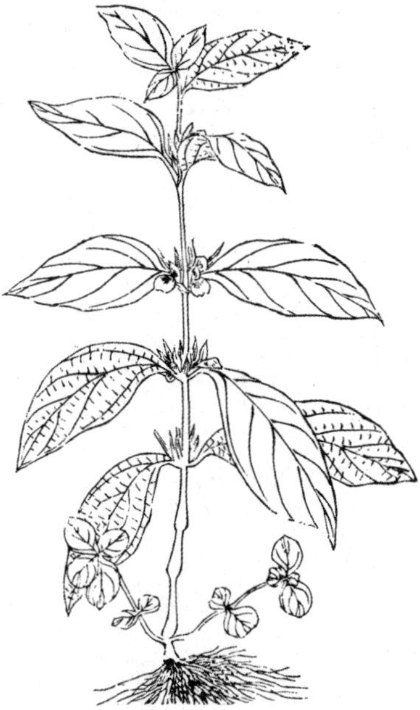

杜根藤 281

赤脛散 282

闞骨草 281

落地梅 282

地麻風 282

野百合 282

野雞草 283

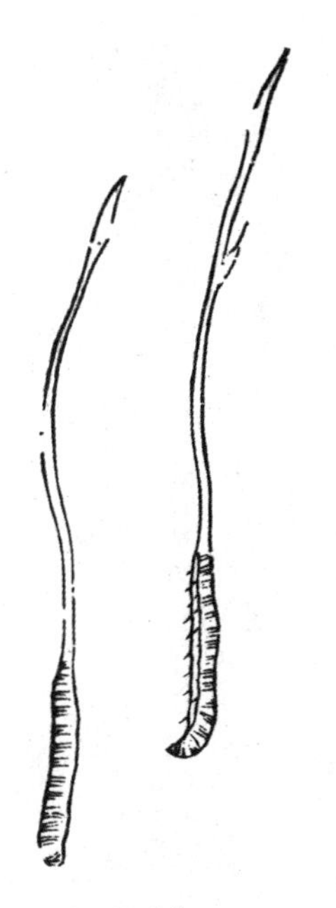

冬蟲夏草 282

野辟汗草 283

茶條樹 283

無名一種 284

無名一種 284

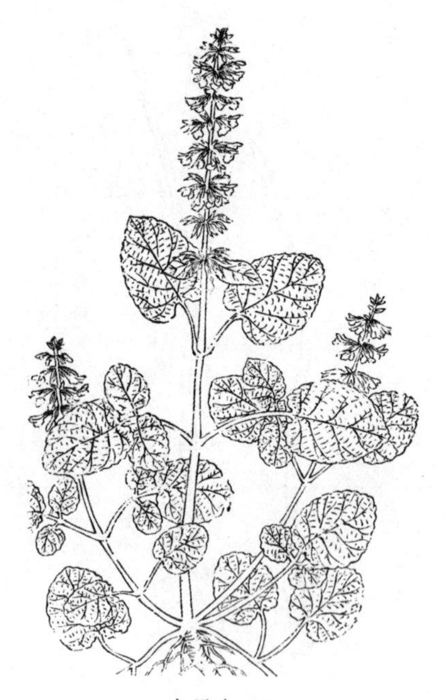
小丹參 284

滇龍膽草 285

勁枝丹參 284

甜遠志 285

滇白前 284

蘄棍 287

滇銀柴胡 286

面來刺 287

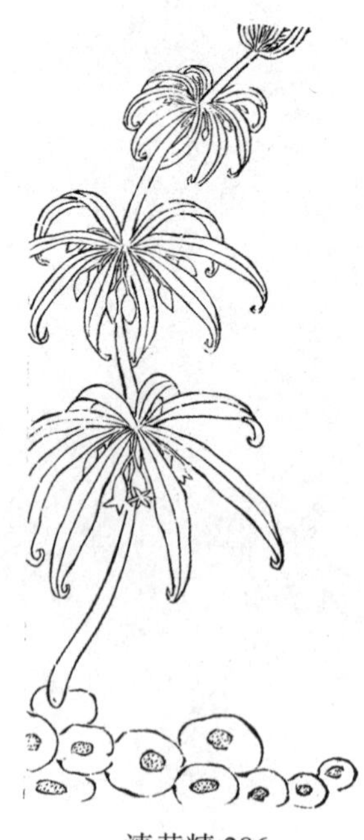
滇黄精 286

小二仙草 287

鮎魚鬚 288

土升麻 287

抱雞母 288

元寶草 288

一掃光 288

海風絲 289

大二仙草 288

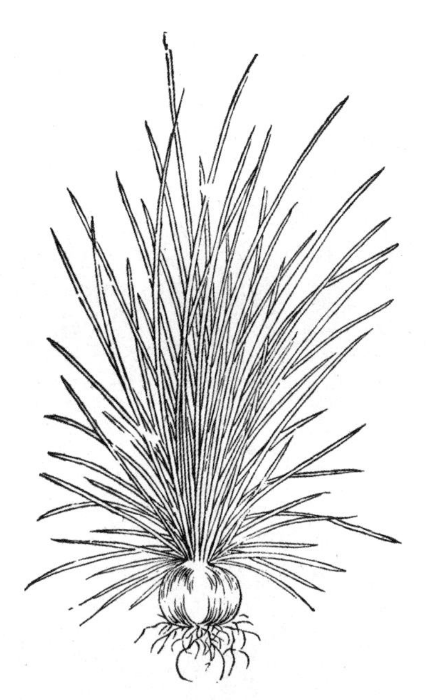

還魂丹 289

四方麻 289

植物名實圖考卷之十一　隰草類

菴藺 292

菊 291

蓍 294

菊 291

地黄 296

白蒿 296

麥門冬 297

地黄 296

天名精 302

藍 298

豨薟 302

藍 298

牛膝 303

茵陳蒿 304

牛膝 303

茺蔚 306

蒺藜 307

决明 309

車前 308

地膚 309

續斷 310

漏蘆 311

景天 310

飛廉 312

蠡實 317

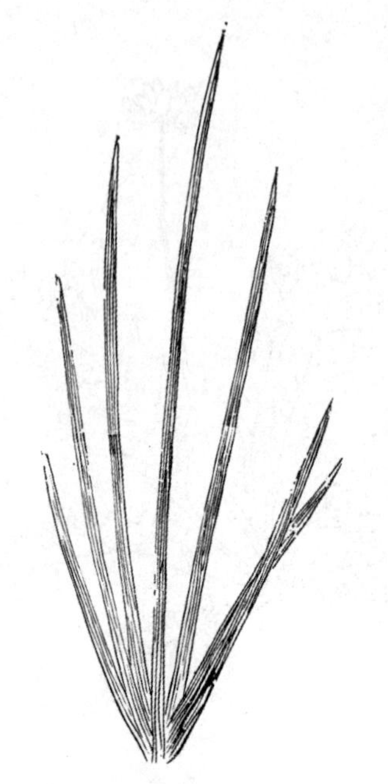
石龍芻 313

款冬花 318

馬先蒿 317

蜀羊泉 320

敗醬 320

酸漿 321

葈耳 322

女菀 325

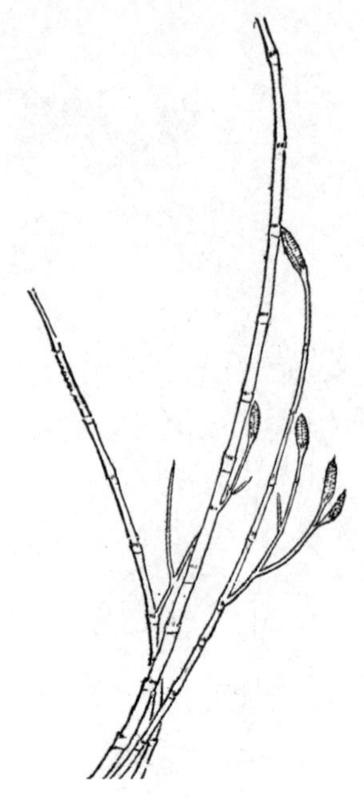
麻黄 323

瞿麥 325

紫菀 324

薇銜 327

蓼 327

連翹 328

馬蓼 327

湖南連翹　雲南連翹 328

蛇含 329

葶藶 328

夏枯草 330

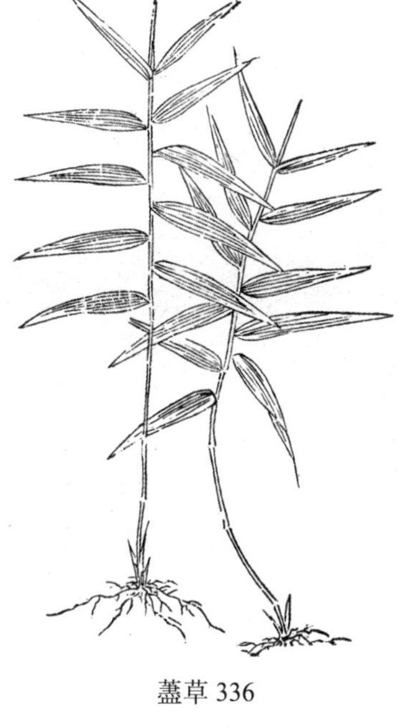

藎草 336

旋覆花 331

萹蓄 336

青葙子 336

王不留行 355

陸英 337

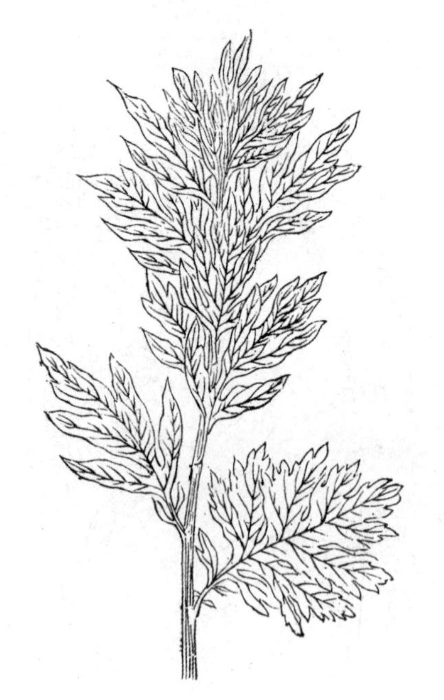

艾 355

王不留行 338

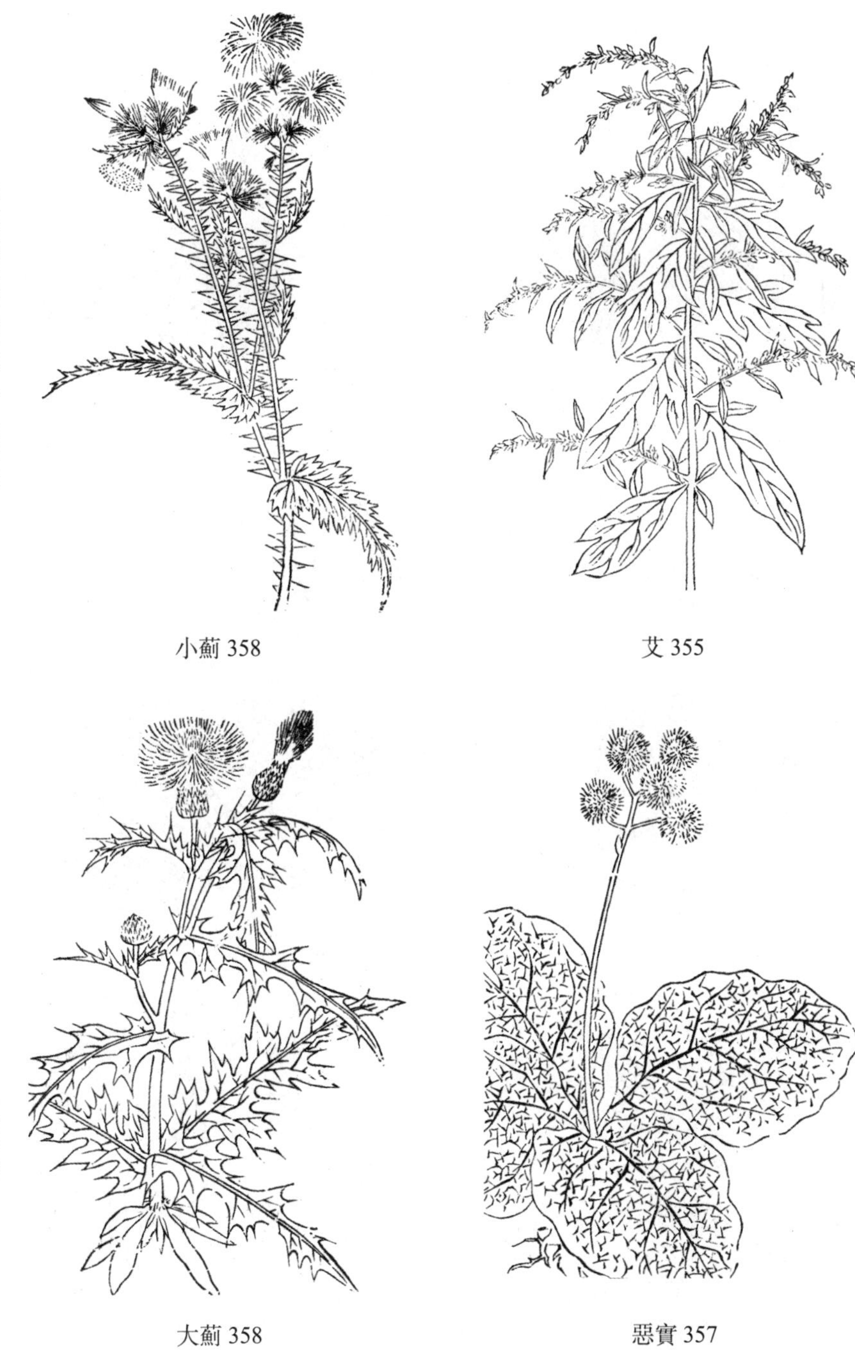

小薊 358

艾 355

大薊 358

惡實 357

葒草 360

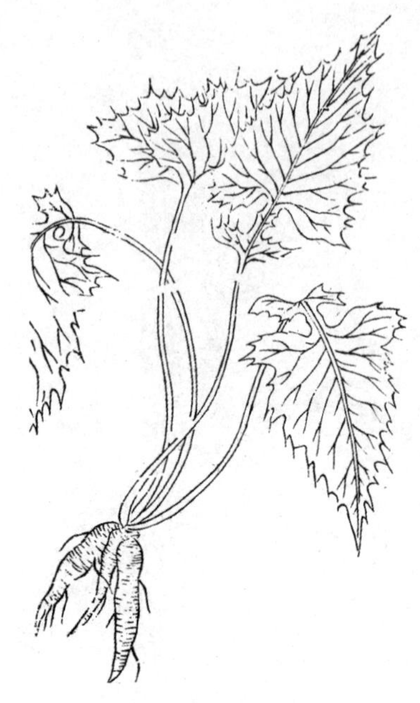

大薊 358

虎杖 361

大青 359

黄花蒿 361

青蒿 361

植物名實圖考卷之十二　隰草類

金盞草 363

翻白草 363

莠 364

雁來紅 363

地錦苗 364

白蒿 365

蔞蒿 365

紫香蒿 366

寶劍草 366

堇堇菜 366

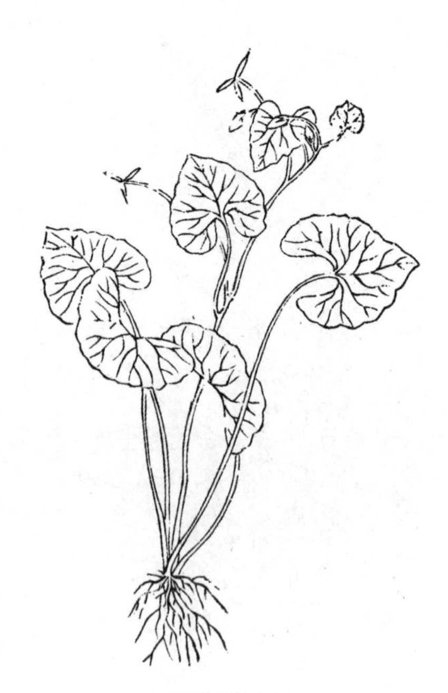

如意草 366

犁頭草 366

毛白菜 367

小蟲兒卧單 368

毛白菜 367

地耳草 368

野同蒿 369

野艾蒿 369

野同蒿 369

野艾蒿 369

牛尾蒿 370

大蓬蒿 369

柳葉蒿 372

牛尾蒿 370

龍芽草 372

扯根菜 372

滿天星 373

矮桃 372

雞眼草 374

水蓑衣 373

狗蹄兒 375

地角兒苗 374

雞兒腸 376

米布袋 375

鰱蓬 376

雞兒頭苗 375

牻牛兒苗 376

沙消 377

沙蓬 377

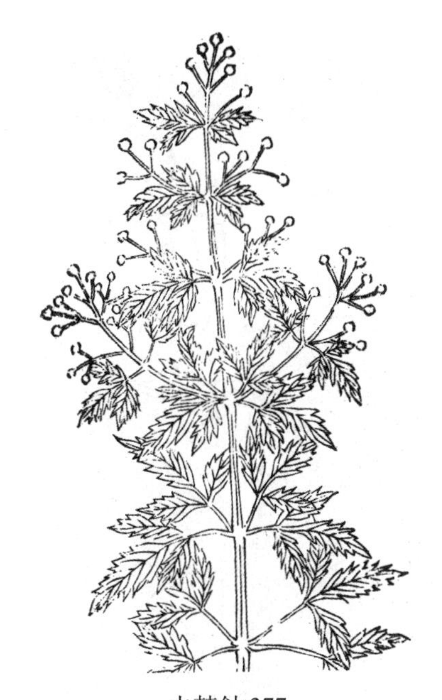

水棘針 377

山蓼 378

鐵掃箒 377

六月菊 378

刀尖兒苗 378

婆婆納 379

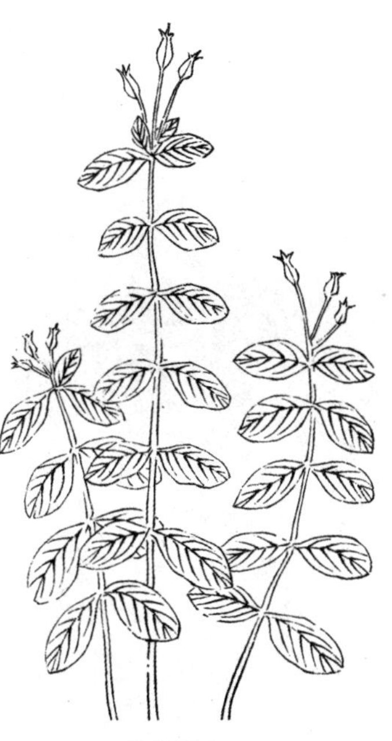

佛指甲 379

野粉團兒 379

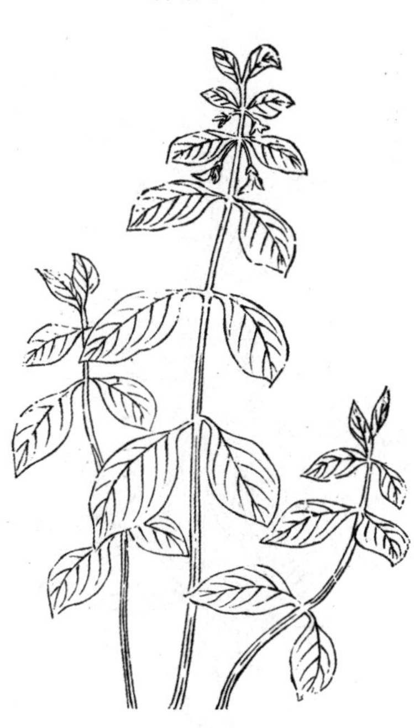

鯽魚鱗 379

螺黶兒 380

狗掉尾苗 380

兔兒酸 380

猪尾把苗 380

花蒿 381

米蒿 381

兔兒尾苗 381

鐵桿蒿 381

柳葉菜 382

虎尾草 382

菽蕿根 382

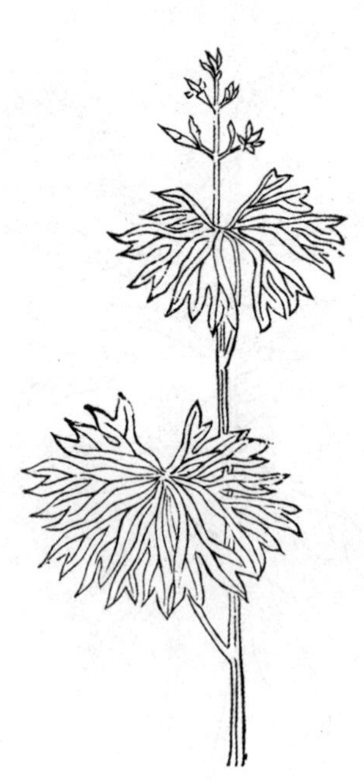
兔兒傘 382

大蓼 383

綿棗兒 383

金瓜兒 383

土圞兒 383

胡蒼耳 384

牛耳朵 384

野蜀葵 385

拖白練 384

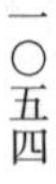

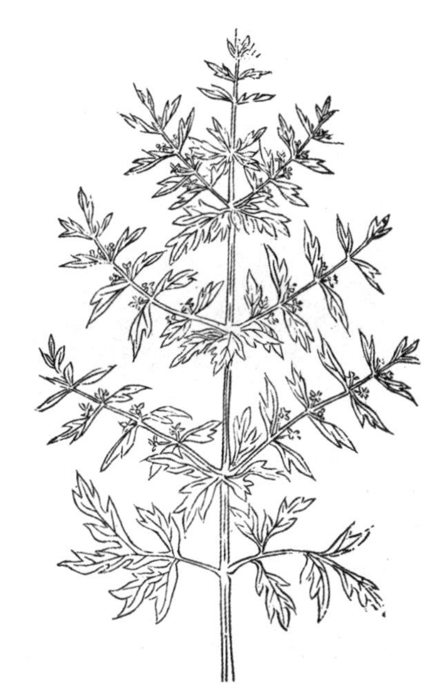
透骨草 385

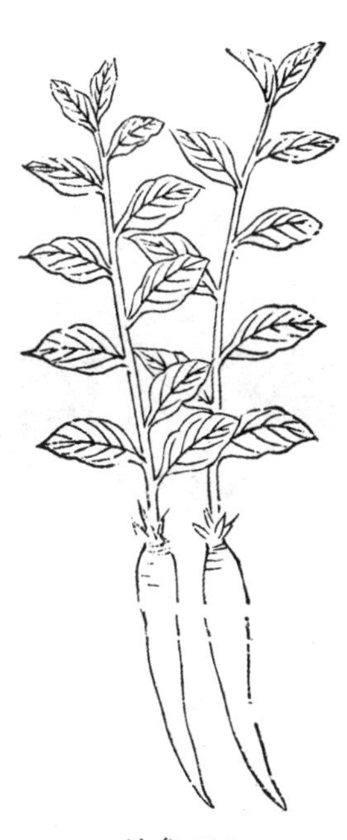
地參 386

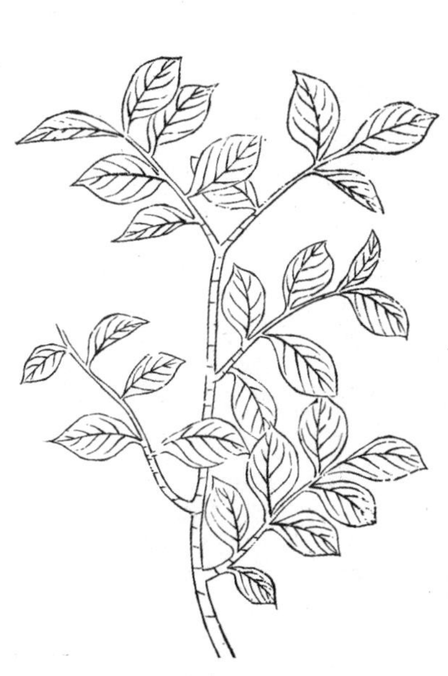
酸桶笋 385

野西瓜苗 386

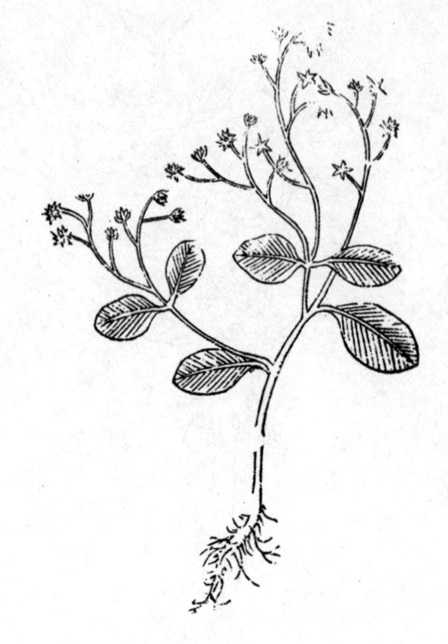

婆婆指甲菜 386

植物名實圖考卷之十三　隰草類

天奎草 388

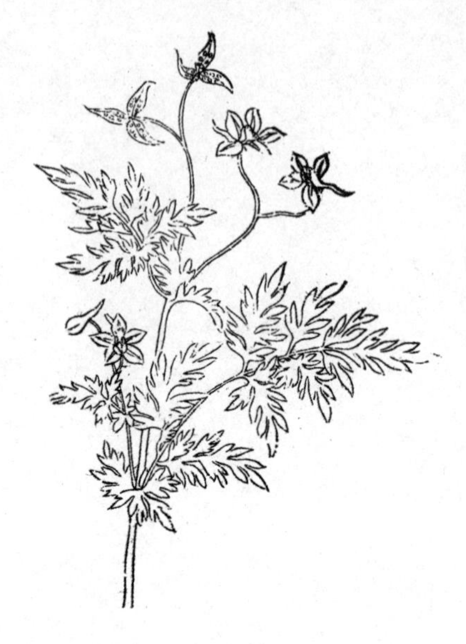

還亮草 387

黃花地錦苗 388

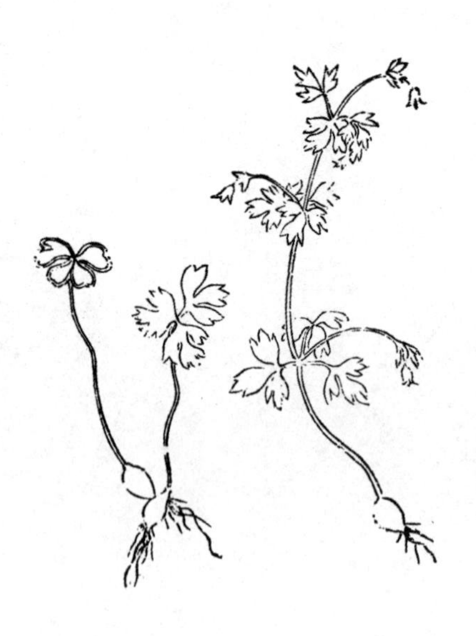

天葵 387

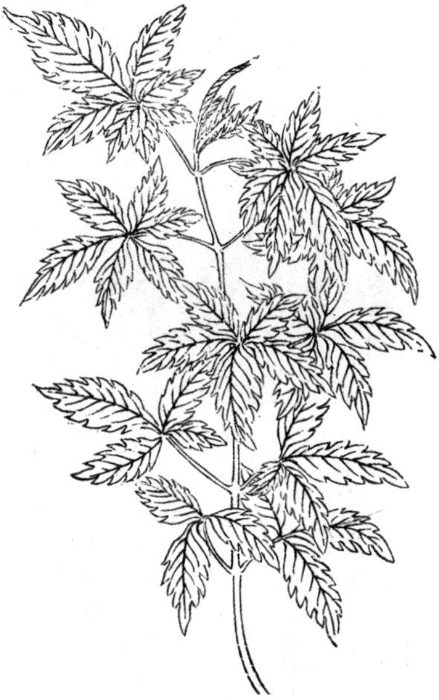

七葉荊 389

紫花地丁 388

水楊梅 389

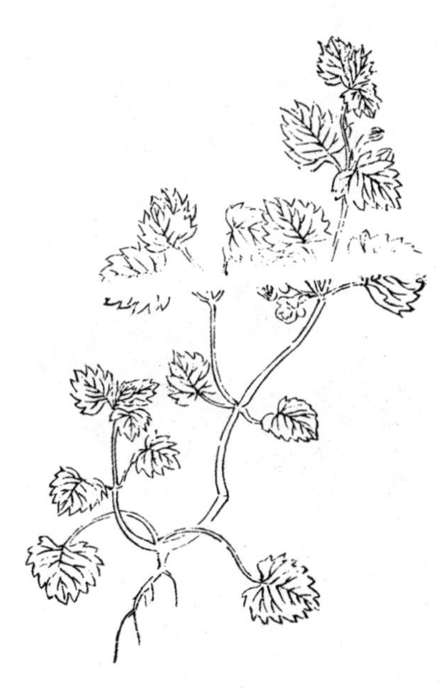

活血丹 388

地錦 390

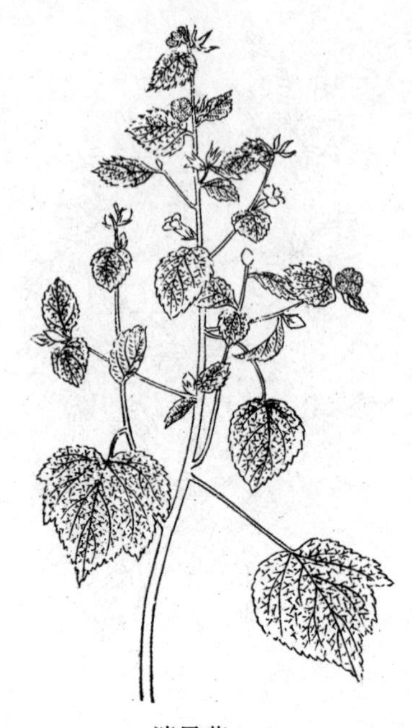
消風草 390

過路黄 390

寶蓋草 390

金瓜草 391

過路黄 391

馬鞭花 391

翦草 391

附地菜 392

尋骨風 392

雞腸菜 392

附地菜 392

雷公鑿 393

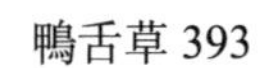

鴨舌草 393

水芥菜 394

老鴉瓣 393

狼尾草 394

野苦麻 394

淮草 394

野麻菜 394

魚腥草 395

水稗 395

千年矮 395

莩草 395

小無心菜 396

千年矮 396

湖瓜草 396

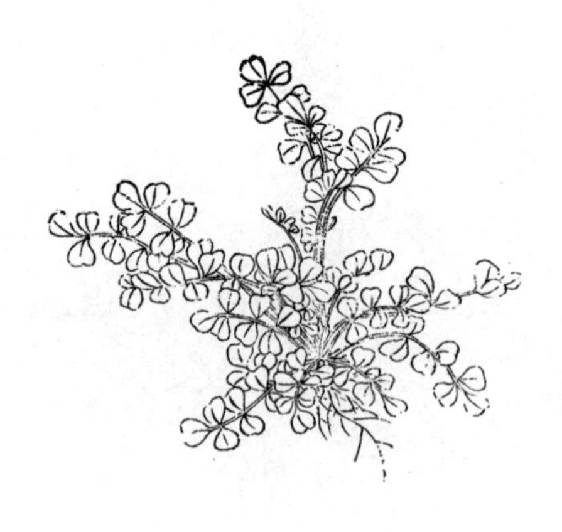

無心菜 396

喇叭草 396

紐角草 397

臭草 397

小蓼花 397

無名一種 397

無名一種 398

無名一種 397

無名一種 398

紅絲毛根 398

無名一種 398

沙消 399

無名一種 398

竹葉青 399

植物名實圖考卷之十四　隰草類

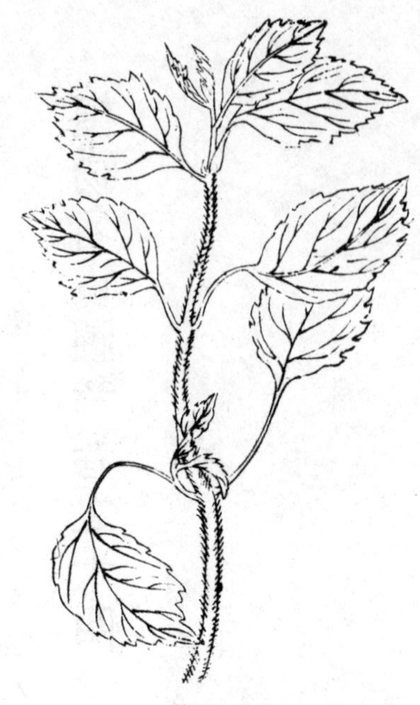

苦芙 404

苧麻 401

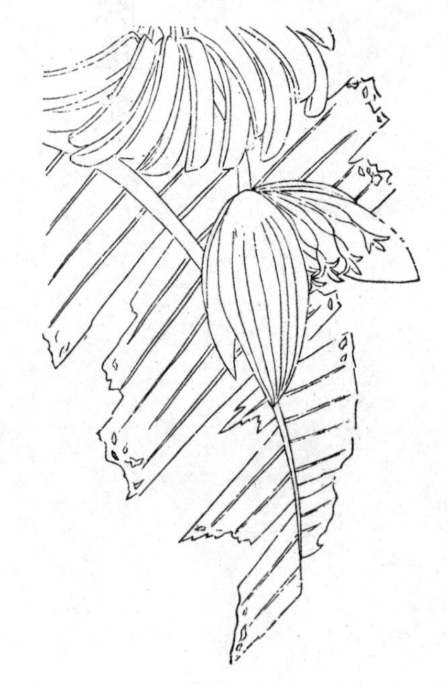

甘蕉 405

苧麻 404

蘆 405

馬鞭草 405

鼠尾草 406

牡蒿 405

蒲公草 408

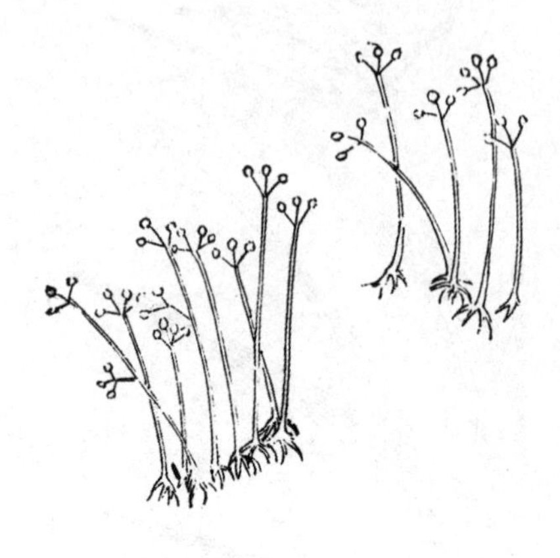

龍常草 406

鱧腸 408

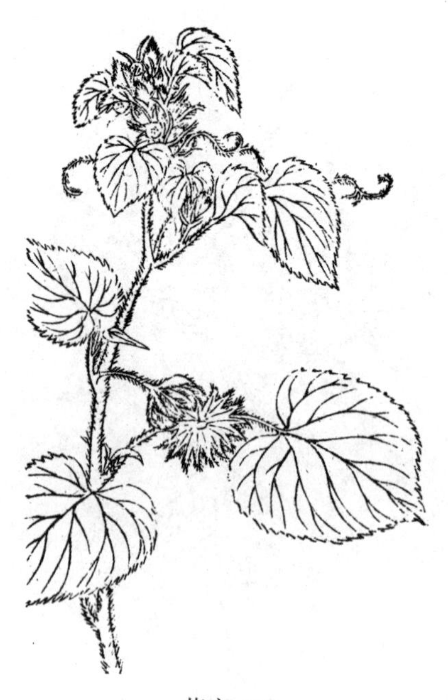

苘麻 406

劉寄奴 410

三白草 409

劉寄奴 410

水蓼 409

龍葵 410

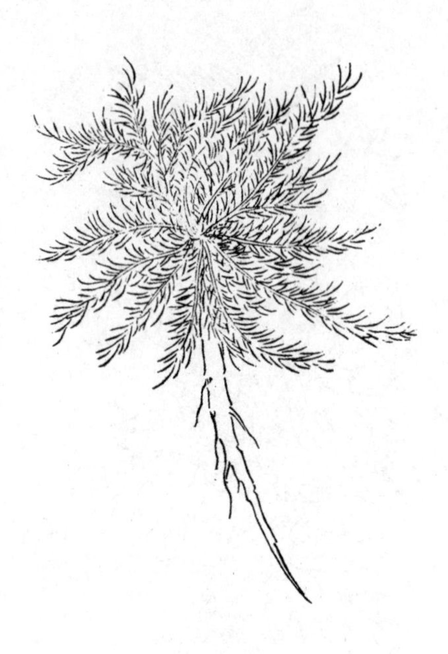
莪蒿 411

狗舌草 411

鼠麴草 411

鬼鍼草 413

㨄胡根 412

毛蓼 413

鴨跖草 412

茜 413

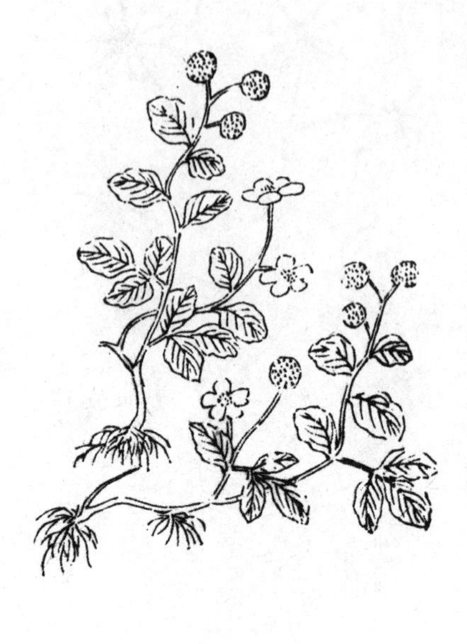

地楊梅 413

紅花 414

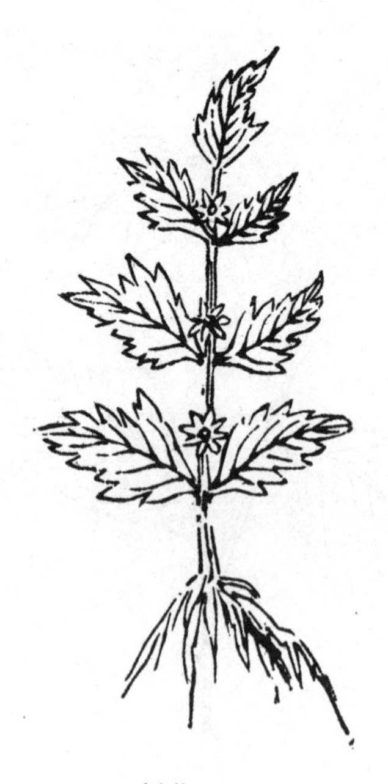

𧆛菜 413

狼杷草 416

燈心草 415

木賊 416

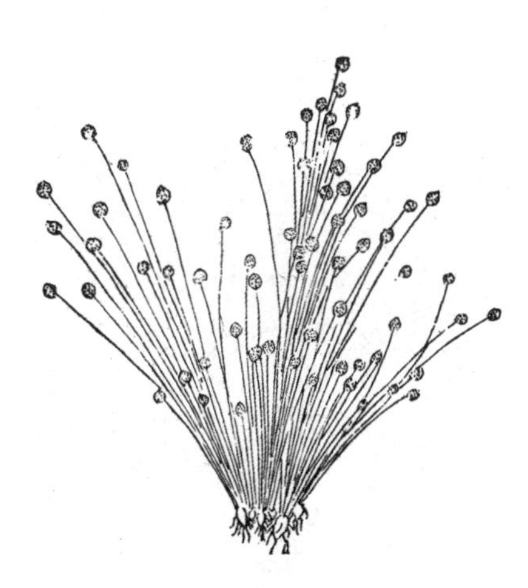

穀精草 415

海金沙 418

黄蜀葵 416

鷄冠 418

萱草 416

小青 419

胡盧巴 418

地蜈蚣草 420

火炭母草 418

攀倒甑 420

麗春草 421

秦州無心草 420

水英 422

曲節草 423

見腫消 422

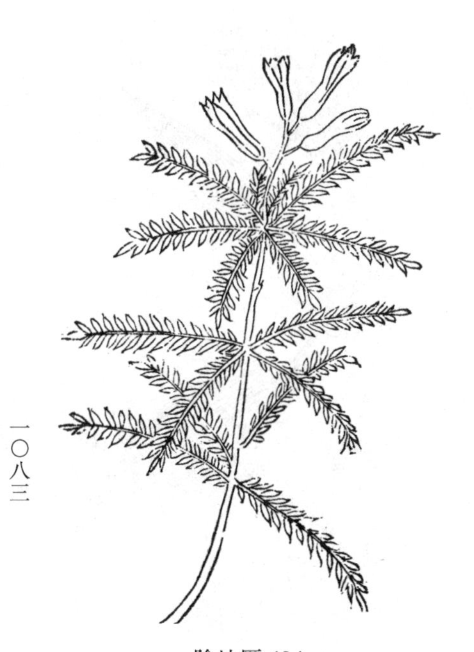

陰地厥 424

九牛草 423

莠竹 425

水甘草 424

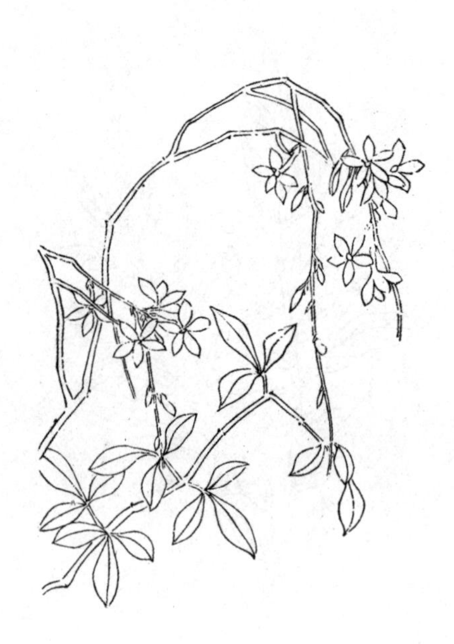
迎春花 425

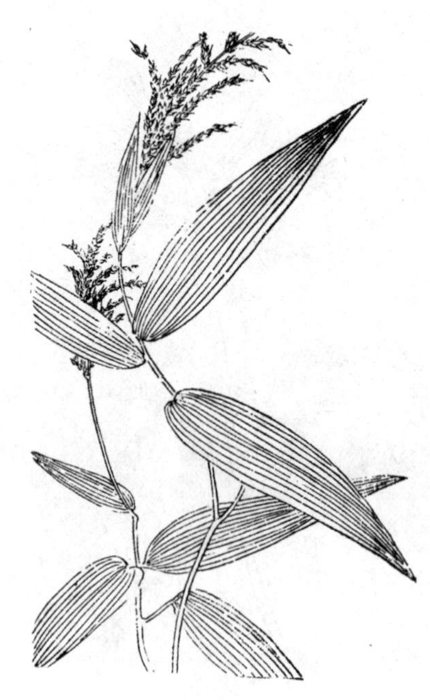
竹頭草 424

千年艾 425

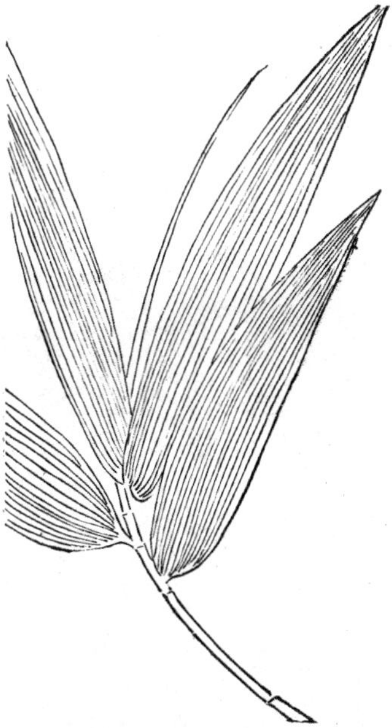

箬 426

翦春羅 426

淡竹葉 428

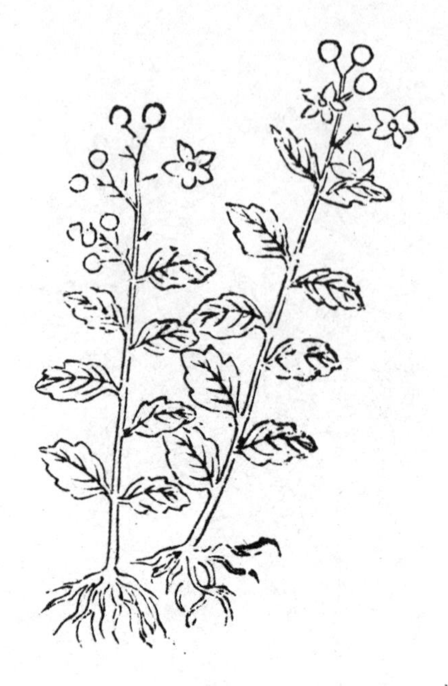
水楊梅 428

半邊蓮 428

紫花地丁 429

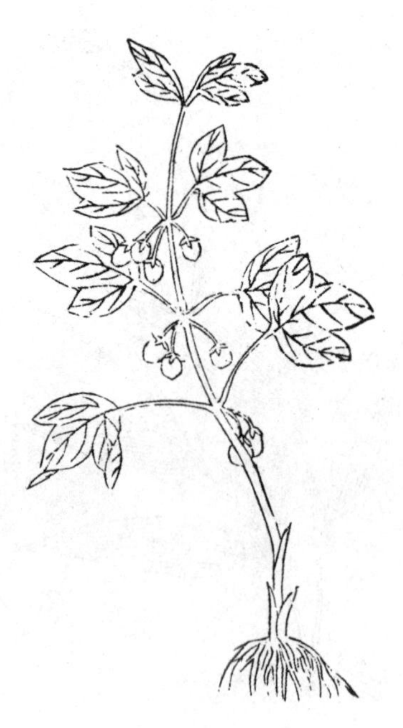
鹿蹄草 428

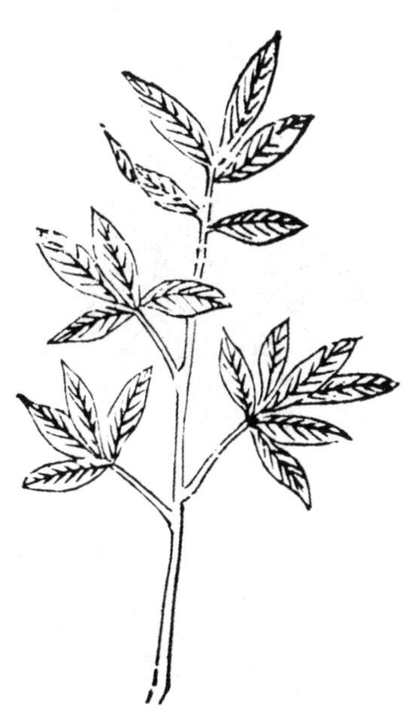
常州石逍遥草 430

常州菩薩草 429

秦州苦芥子 430

密州胡堇草 429

密州翦刀草 430

南恩州布里草 431

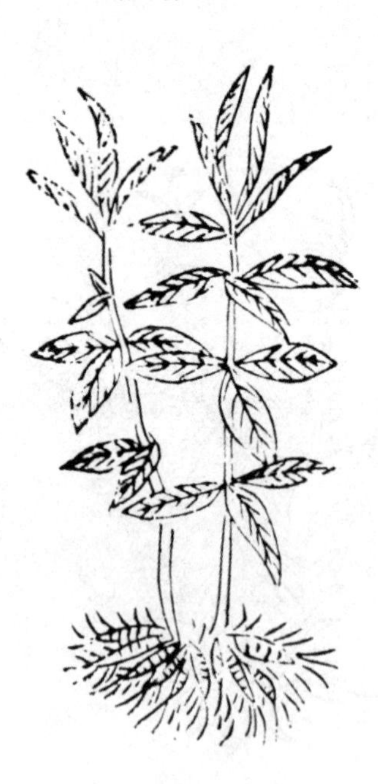

臨江軍田母草 431

鼎州地芙蓉 431

信州黄花了 432

信州田麻 432

植物名實圖考卷之十五　隰草類

蝦鬚草 434

竹葉麥冬草 433

奶花草 434

瓜子金 433

八字草 434

公草母草 434

夏無踪 435

公草母草 434

粟米草 435

天蓬草 435

瓜槌草 435

天蓬草 435

畫眉草 436

飄拂草 436

絆根草 436

水線草 436

無名一種 437

水蜈蚣 437

無名一種 437

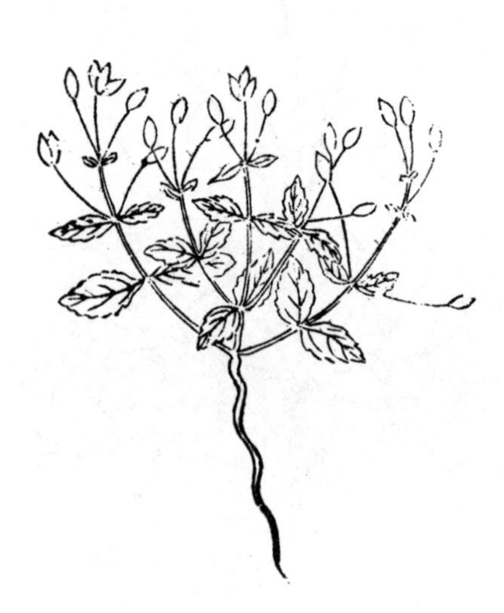

無名一種 437

無名一種 438

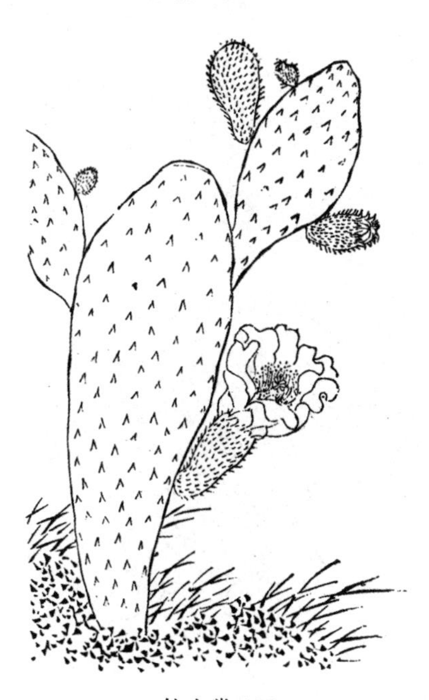

仙人掌 438

萬年青 439

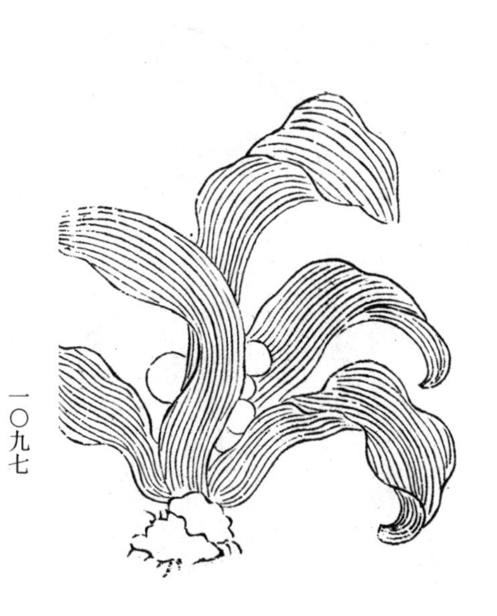

萬年青 439

筋骨草 440

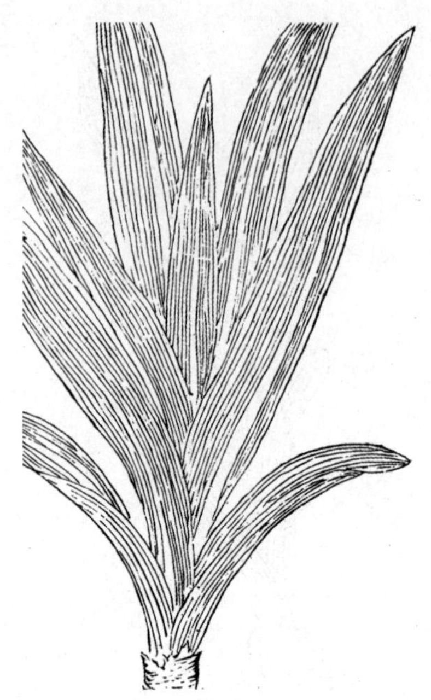

牛黄繖 440

見血青 440

金不换 440

野白菊花 441

見腫消 441

野芝麻 441

魚公草 441

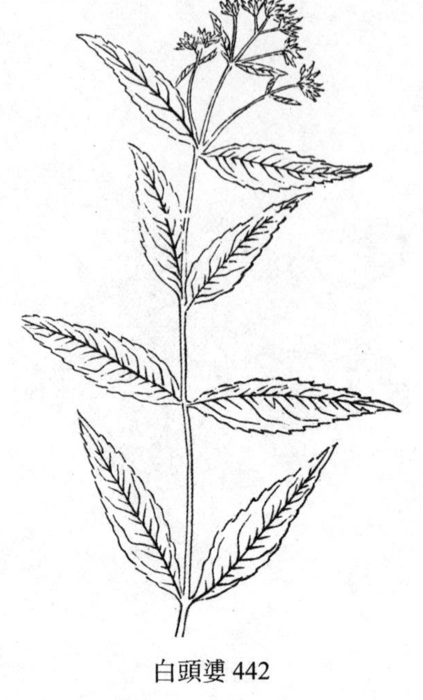
白頭婆 442

鶴草 442

天水蟻草 442

劉海節菊 442

金穵耳 443

黄花龍芽 443

土豨薟 443

黄花龍芽 443

水麻芀 444

田皁角 444

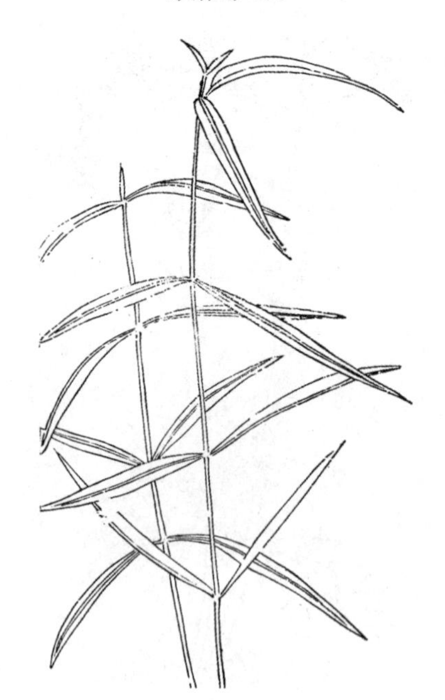

釣魚竿 444

七籬笆 444

鐵馬鞭 445

臭牡丹 445

葉下珠 445

斑珠科 445

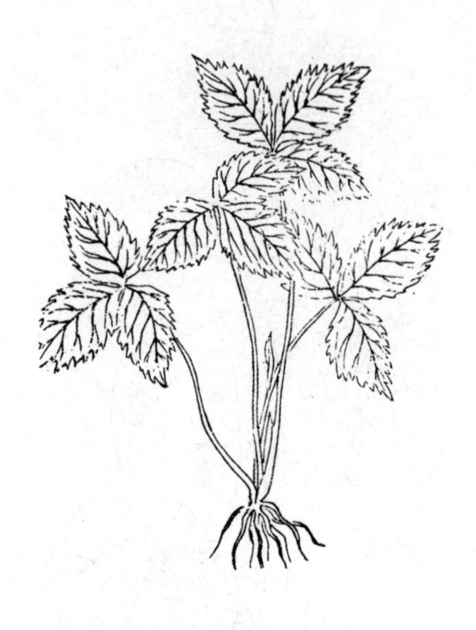

救命王 446

臭節草 446

鹿角草 446

臨時救 446

虵包五披風 447

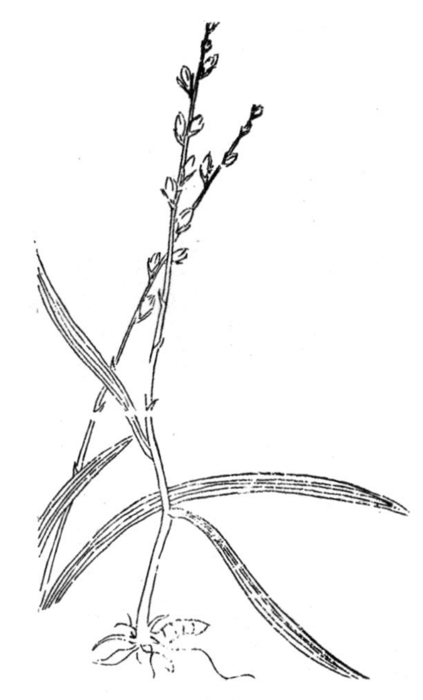

天草萍 447

盤龍參 447

植物名實圖考卷之十六　石草類

卷柏 449

石斛 449

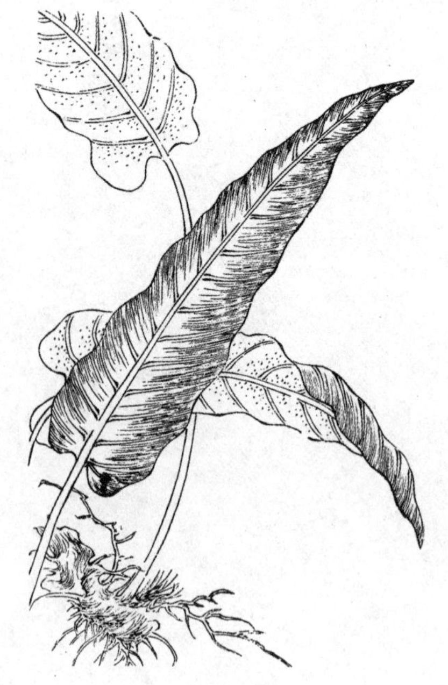

石韋 449

石斛 449

老蝸生 450

石長生 450

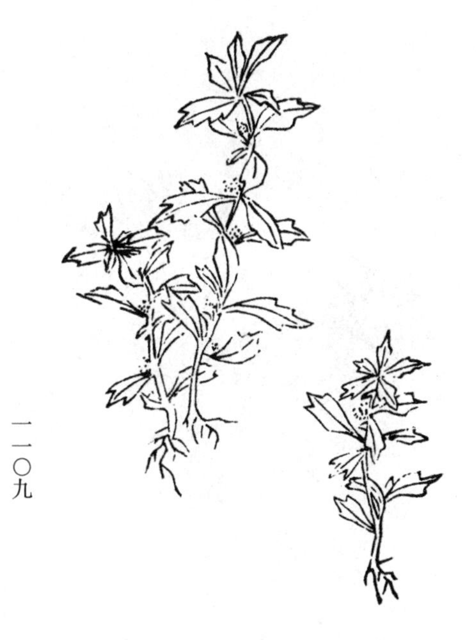

石胡荽 450

酢漿草 450

金星草 451

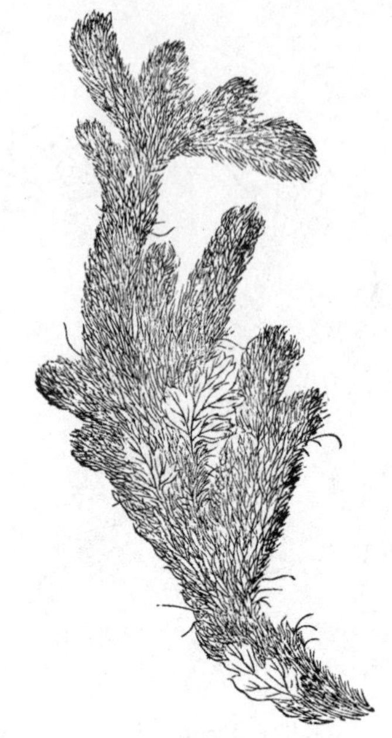

骨碎補 450

金星草 451

草石蠶 451

劍丹 452

鵝掌金星草 451

飛刀劍 452

石龍 451

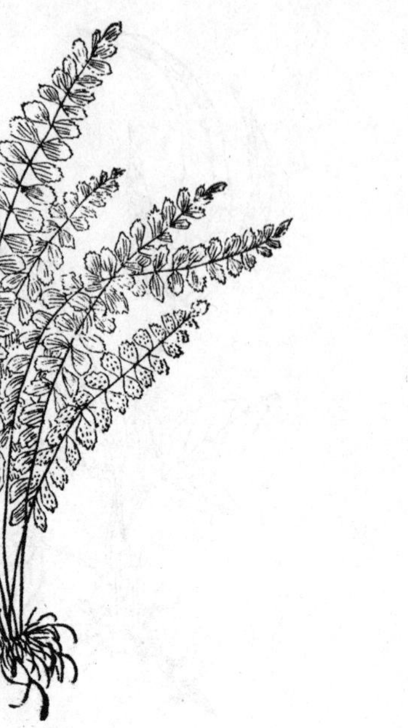

鐵角鳳尾草 452

金交翦 452

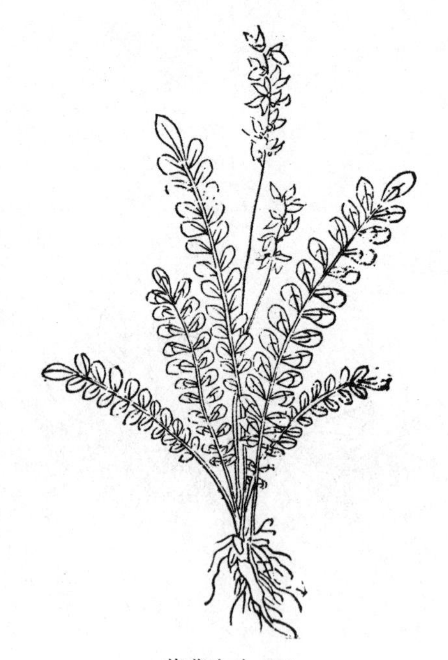

紫背金牛 453

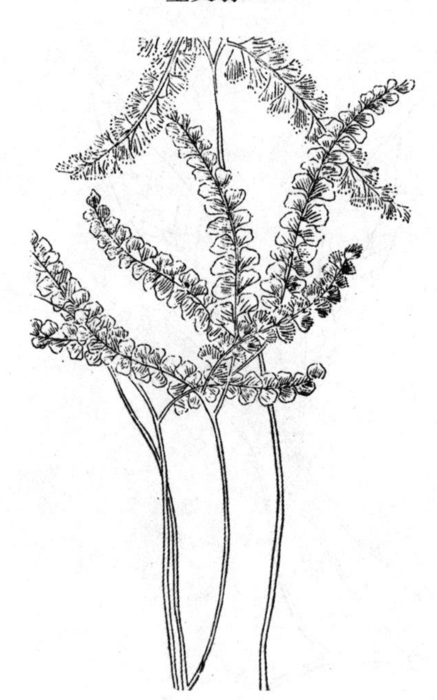

過壇龍 452

鳳尾草 453

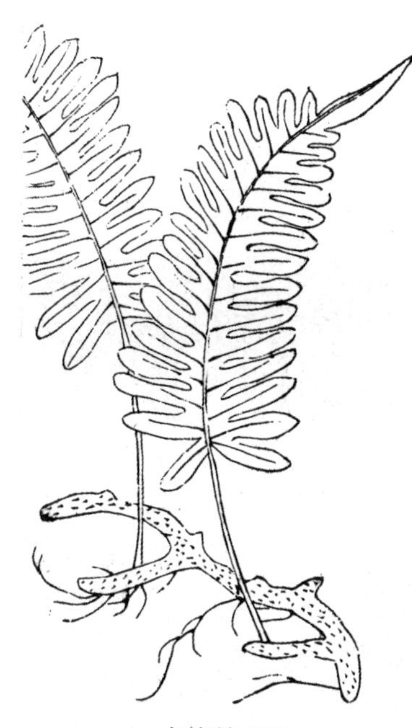

水龍骨 453

鳳了草 453

水石韋 453

紫背金盤 454

地膽 454

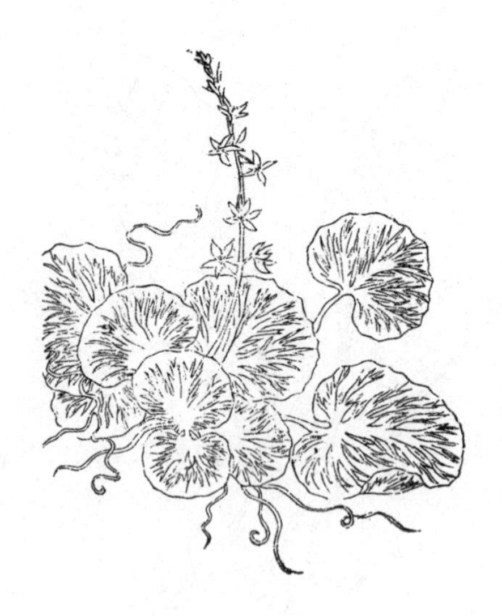

虎耳草 454

雙蝴蝶 454

石弔蘭 455

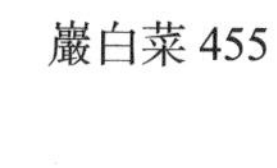

巖白菜 455

七星蓮 455

呆白菜 455

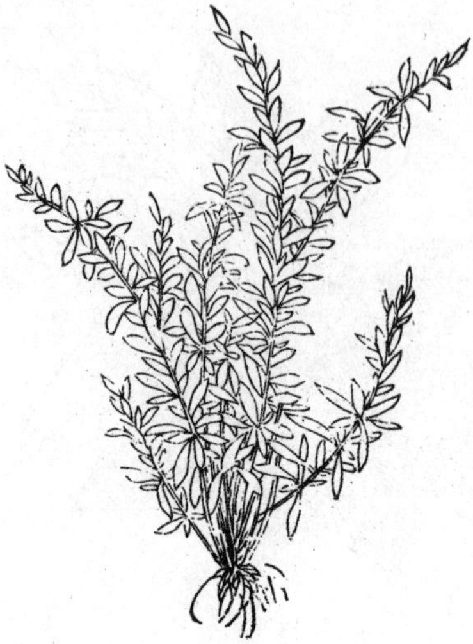

千重塔 456

石花蓮 455

千層塔 456

牛耳草 456

風蘭 456

石豆 457

石蘭 457

瓜子金 457

地柏葉 457

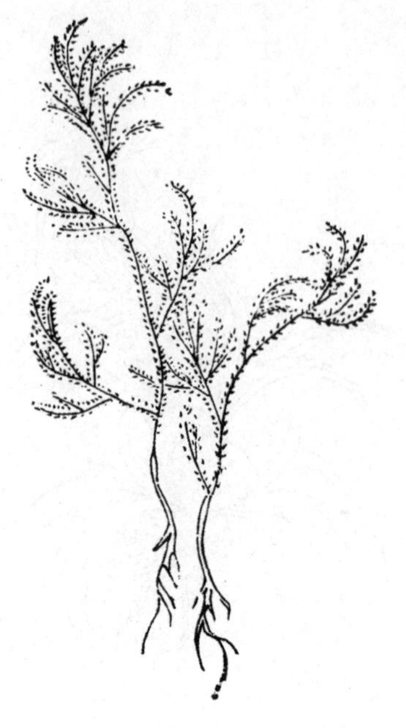

萬年松 458

萬年柏 458

鹿茸草 458

石龍牙草 458

牛毛松 459

筋骨草 459

佛甲草 459

佛甲草 459

烏韭 460

水仙 459

馬勃 460

石蘂 461

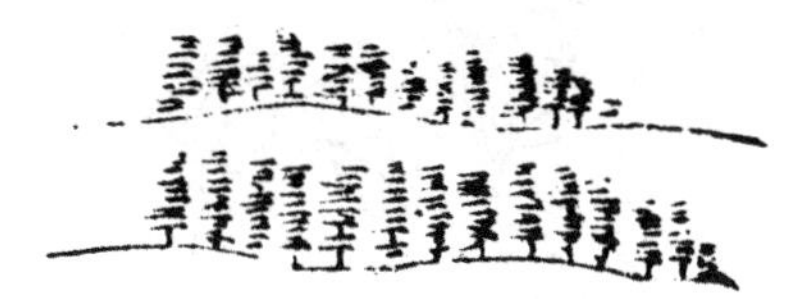

垣衣 460

地衣 461

昨葉何草 460

離鬲草 461

螺厴草 462

仙人草 461

列當 462

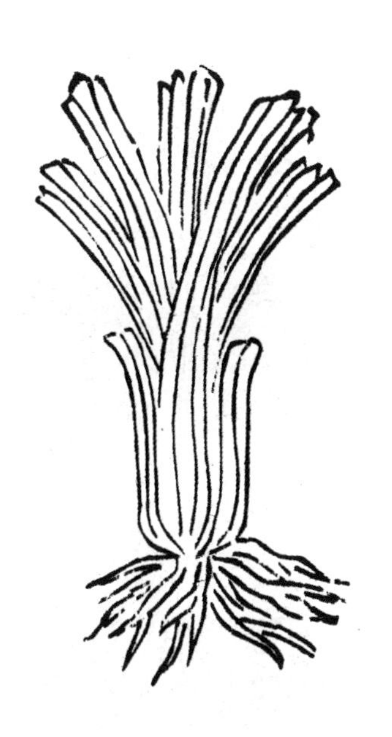

施州崖椶 463

土馬騣 462

秦州百乳草 463

河中府地柏 462

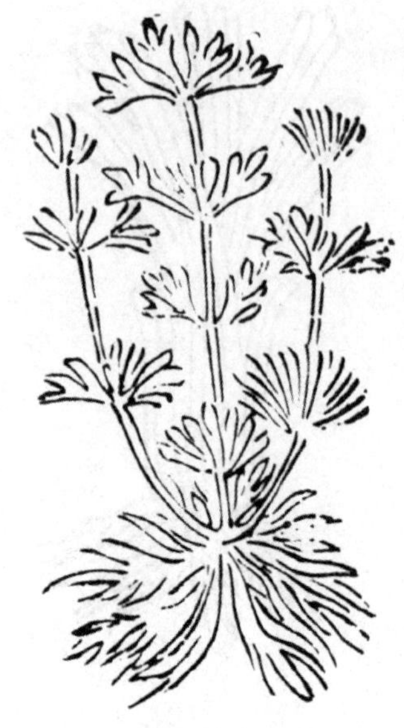
施州紅茂草 463

福州石垂 464

施州紫背金盤草 463

植物名實圖考卷之十七　石草類　水草類

石盆草 465

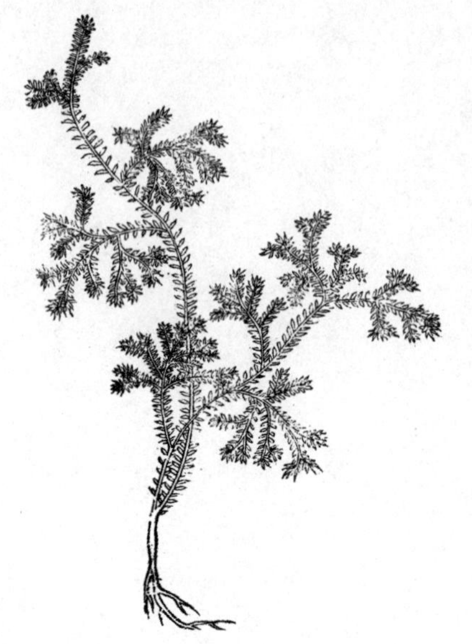

翠雲草 465

地盆草 466

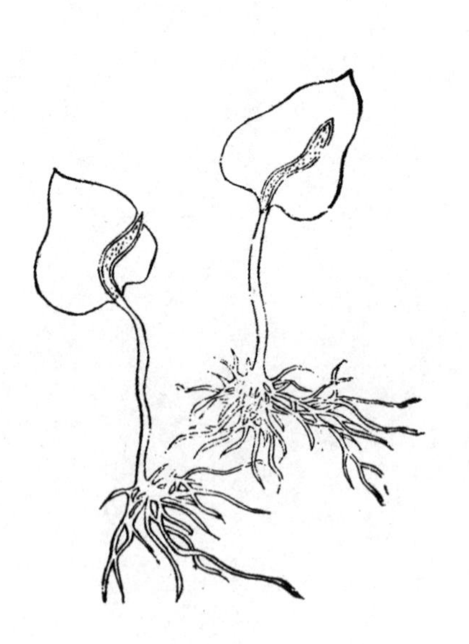

瓶爾小草 465

石蝴蝶 466

石松 466

碎補 466

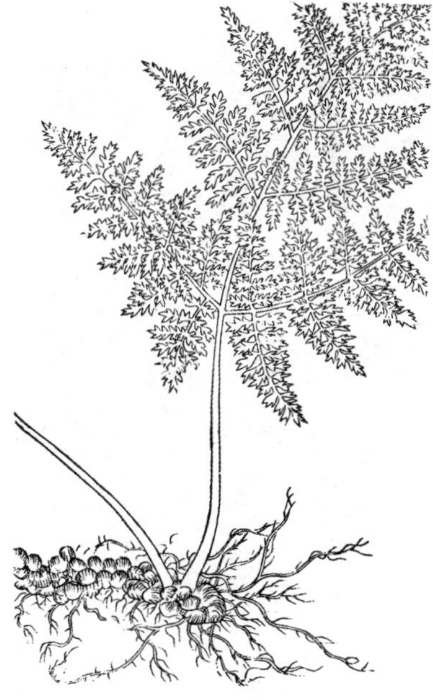

金絲矮它它 466

石筋草 467

黑牛筋 466

紫背鹿衔草 467

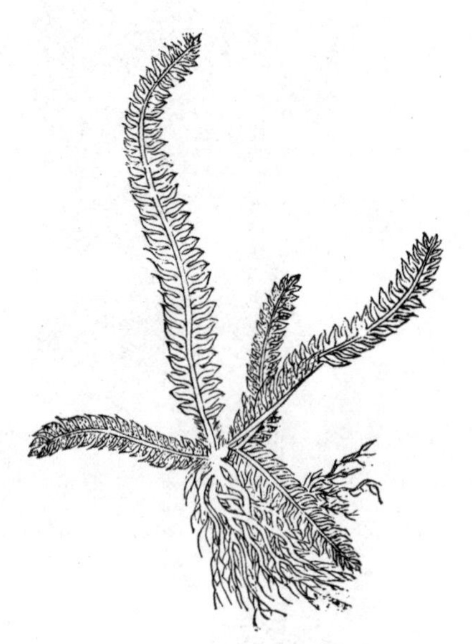

蜈蚣草 467

樹頭花 468

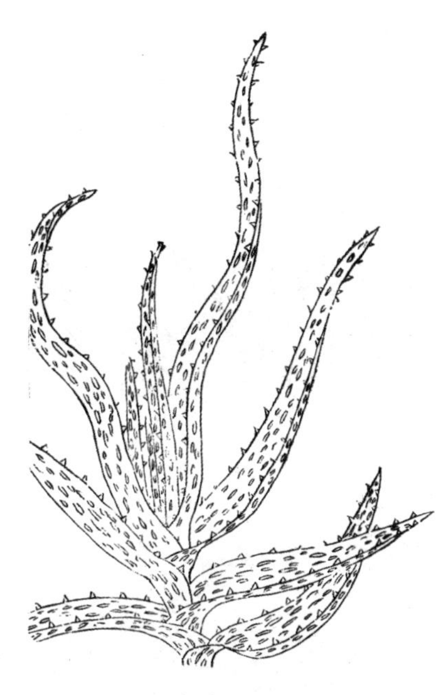
象鼻草 467

金蘭 468

對葉草 468

石交 468

草血竭 469

豆瓣緑 469

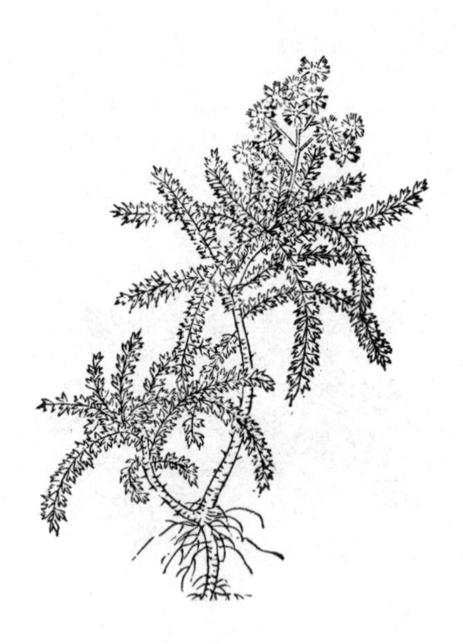

郁松 470

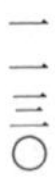

一把傘 470

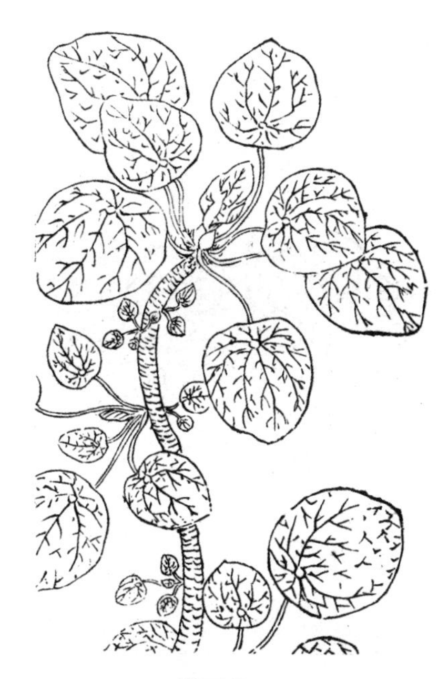
鏡面草 470

地捲草 470

石風丹 470

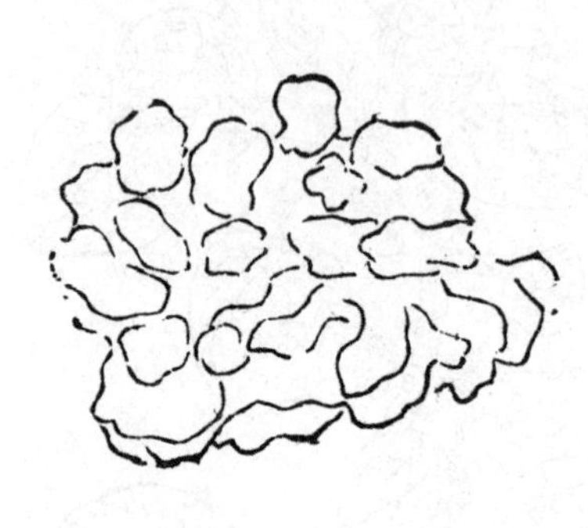
玉芙蓉 471

石龍尾 471

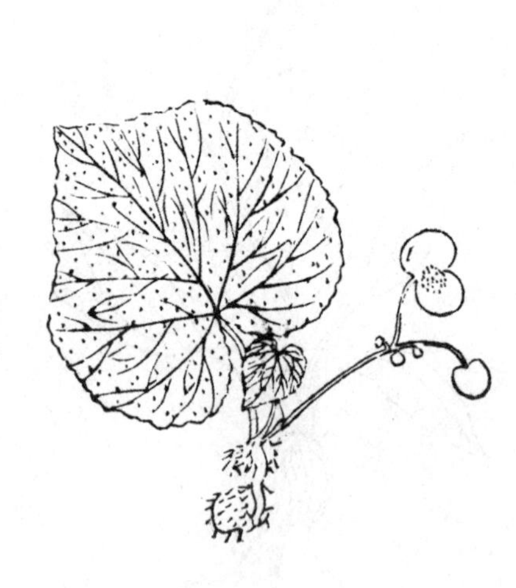
獨牛 471

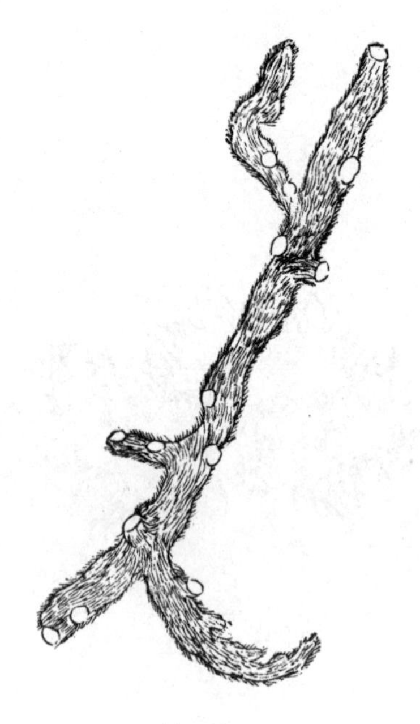
過山龍 471

骨碎補 472

半把繖 472

還陽草 472

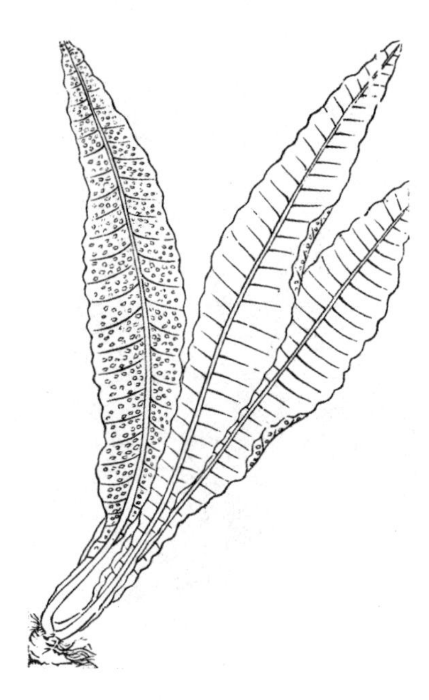

大風草 472

石龍參 472

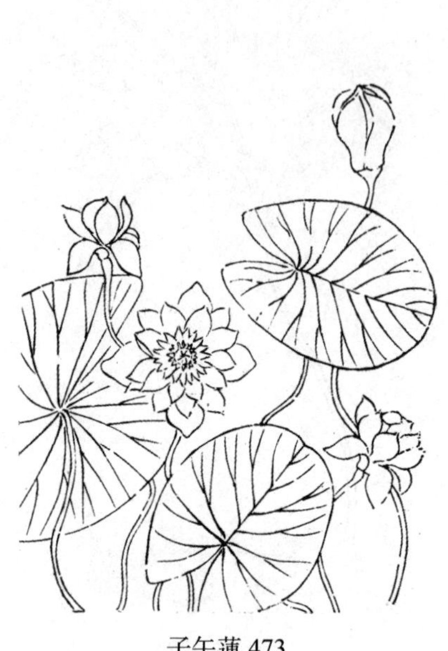
子午蓮 473

小扁豆 472

馬尿花 473

海菜 473

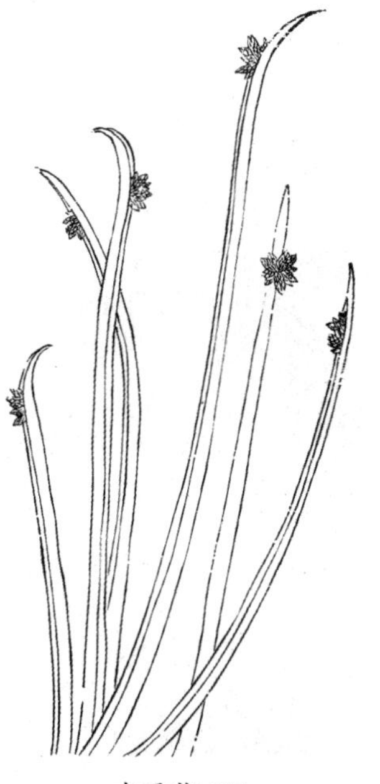

水毛花 474

滇海水仙花 474

水金鳳 474

水朝陽草 475

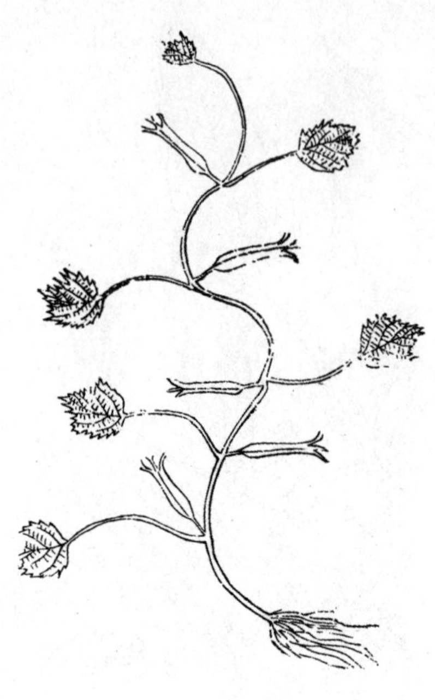

蘮米 475

水朝陽花 475

牙齒草 476

植物名實圖考卷之十八　水草類

香蒲 478

澤瀉 477

水萍 479

菖蒲 477

羊蹄 479

蘋 479

酸模 480

海藻 479

陟釐 480

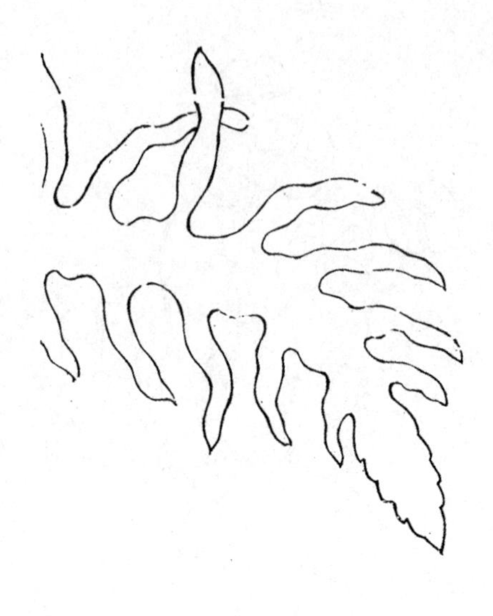

昆布 481

石髮 480

菰 481

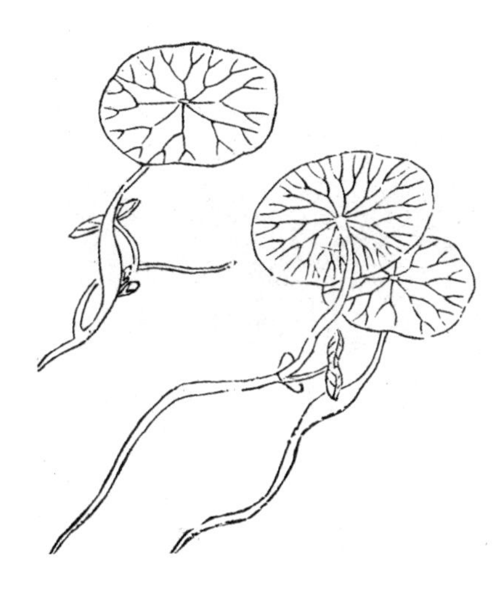

蓴 481

蔛草 483

荇菜 482

紫菜 483

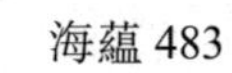
海蘊 483

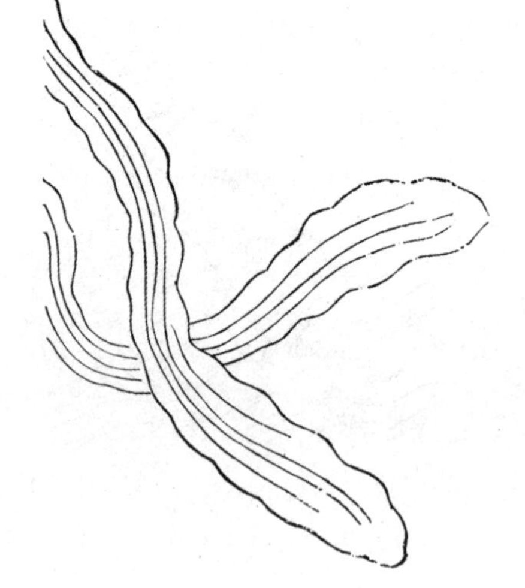

海帶 483

鹿角菜 484

石花菜 484

黑三棱 486

藻 484

水胡蘆苗 486

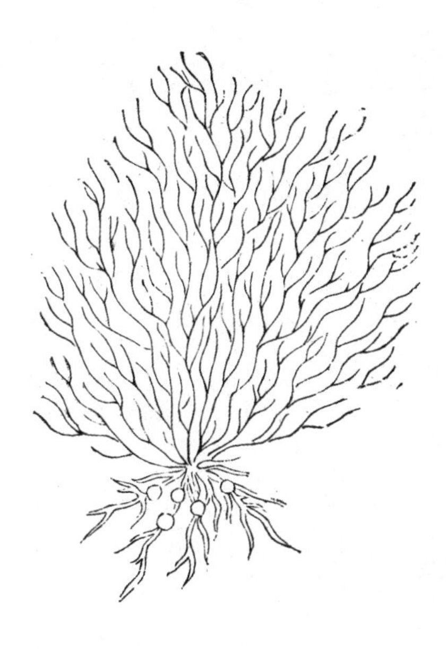

水豆兒 485

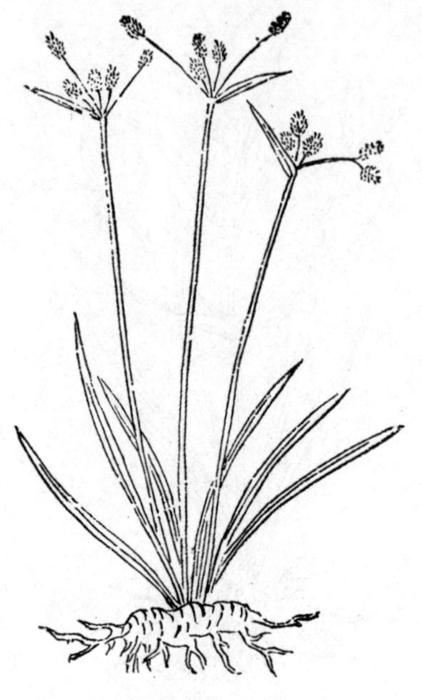

磚子苗 486

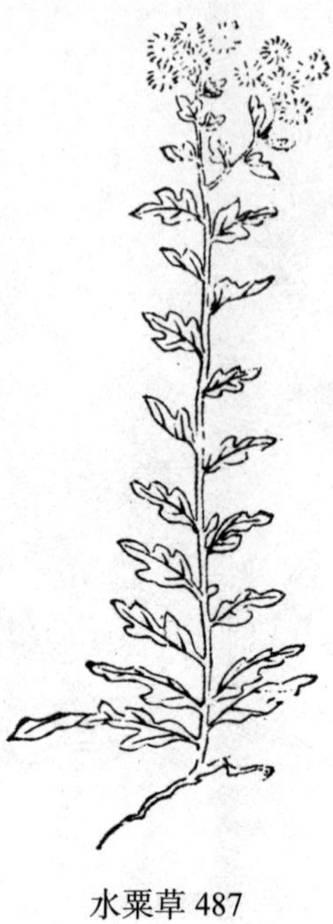

水粟草 487

魚蘘草 487

植物名實圖考卷之十九　蔓草類

紅梅消 489

蚍附子 490

潑盤 490

大血藤 490

小木通 491

三葉挐藤 491

大木通 492

山木通 491

貼石龍 492

三加皮 492

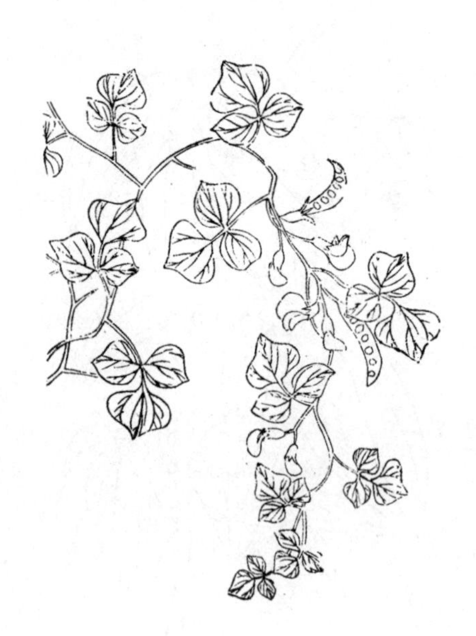

野扁豆 493

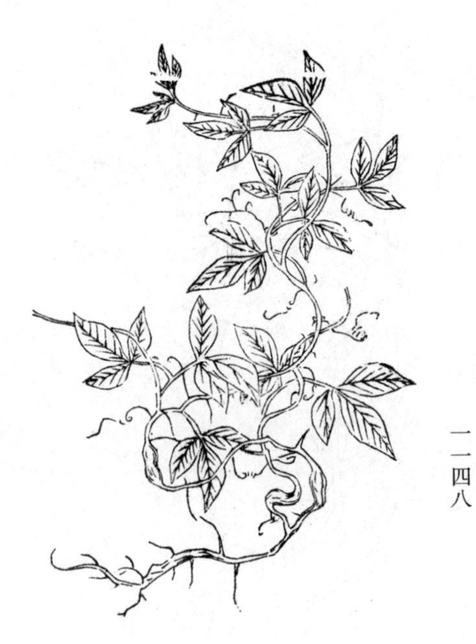

石猴子 492

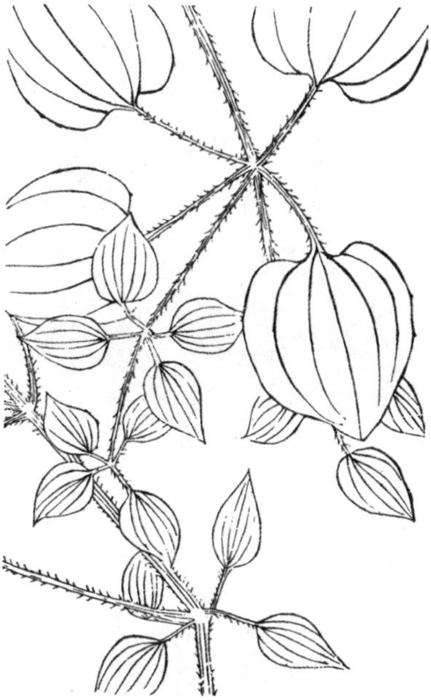

金線草 493

九子羊 493

五爪金龍 494

山豆 493

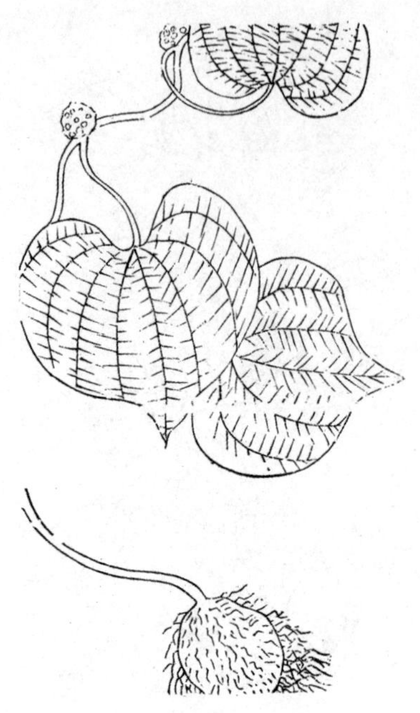

山慈姑 494

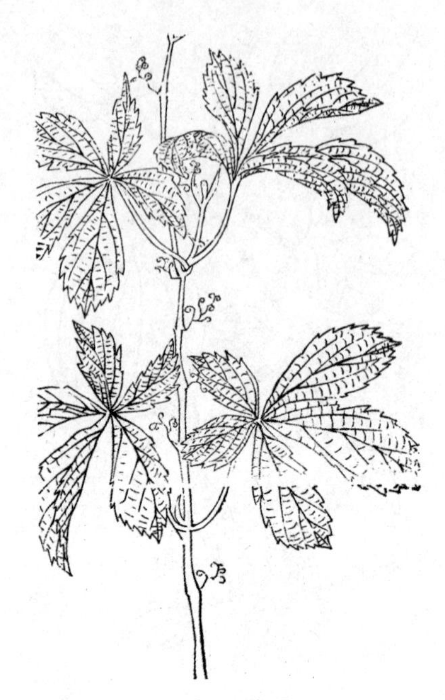

無名一種 494

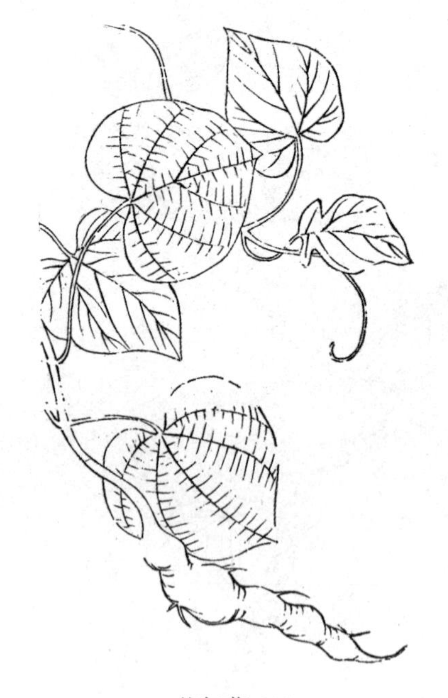

萬年藤 494

過山龍 494

飛來鶴 495

大打藥 495

金線壺盧 495

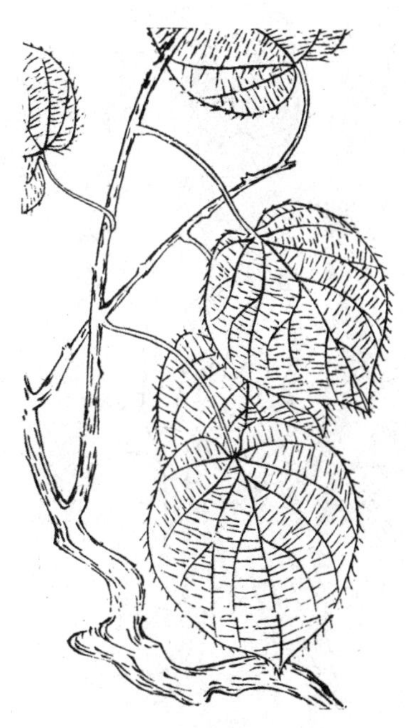
鑽地風 495

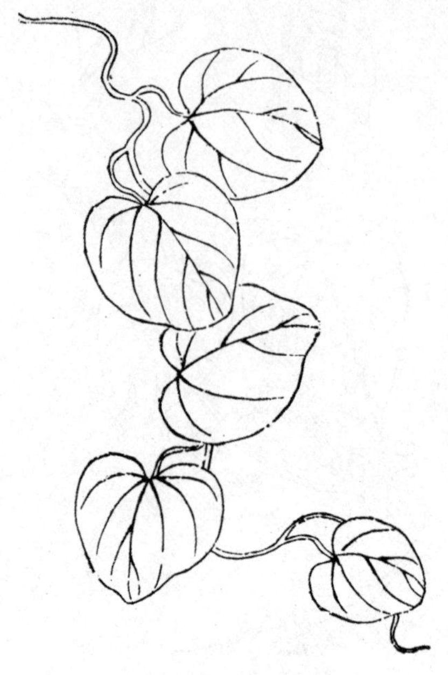
稱鉤風 495

陰陽蓮 496

癩蝦蟇 496

狂風藤 496

挐藤 497

金錢豹 496

石血 497

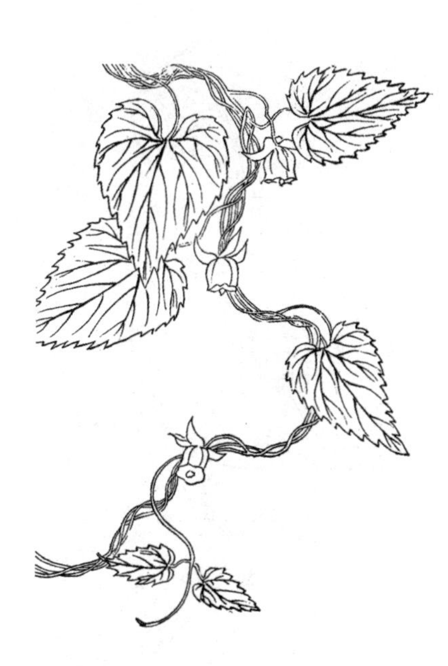

金錢豹 497

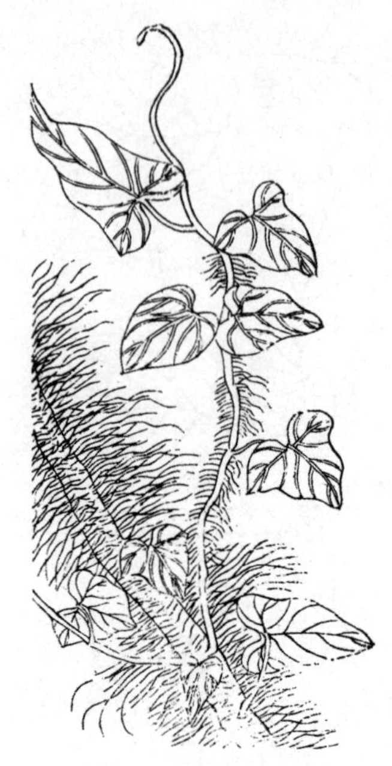
百脚蜈蜙 497

石盤龍 498

千年不爛心 498

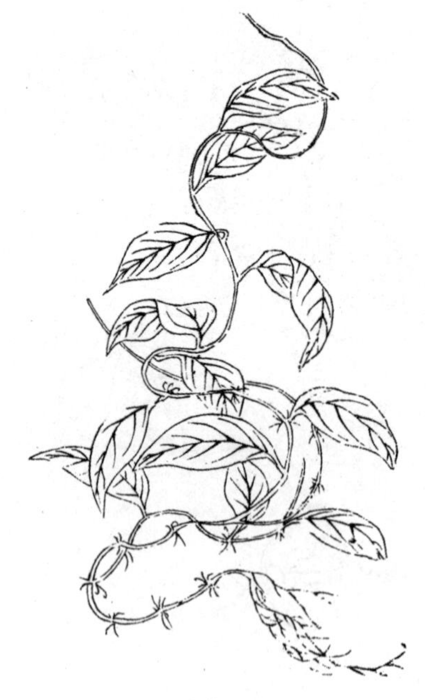
香藤 498

清風藤 499

野杜仲 498

南蛇藤 499

廣香藤 498

無名一種 499

扳南根 500

川山龍 500

鵝抱蛋 500

内風消 501

順筋藤 501

無名一種 501

紫金皮 501

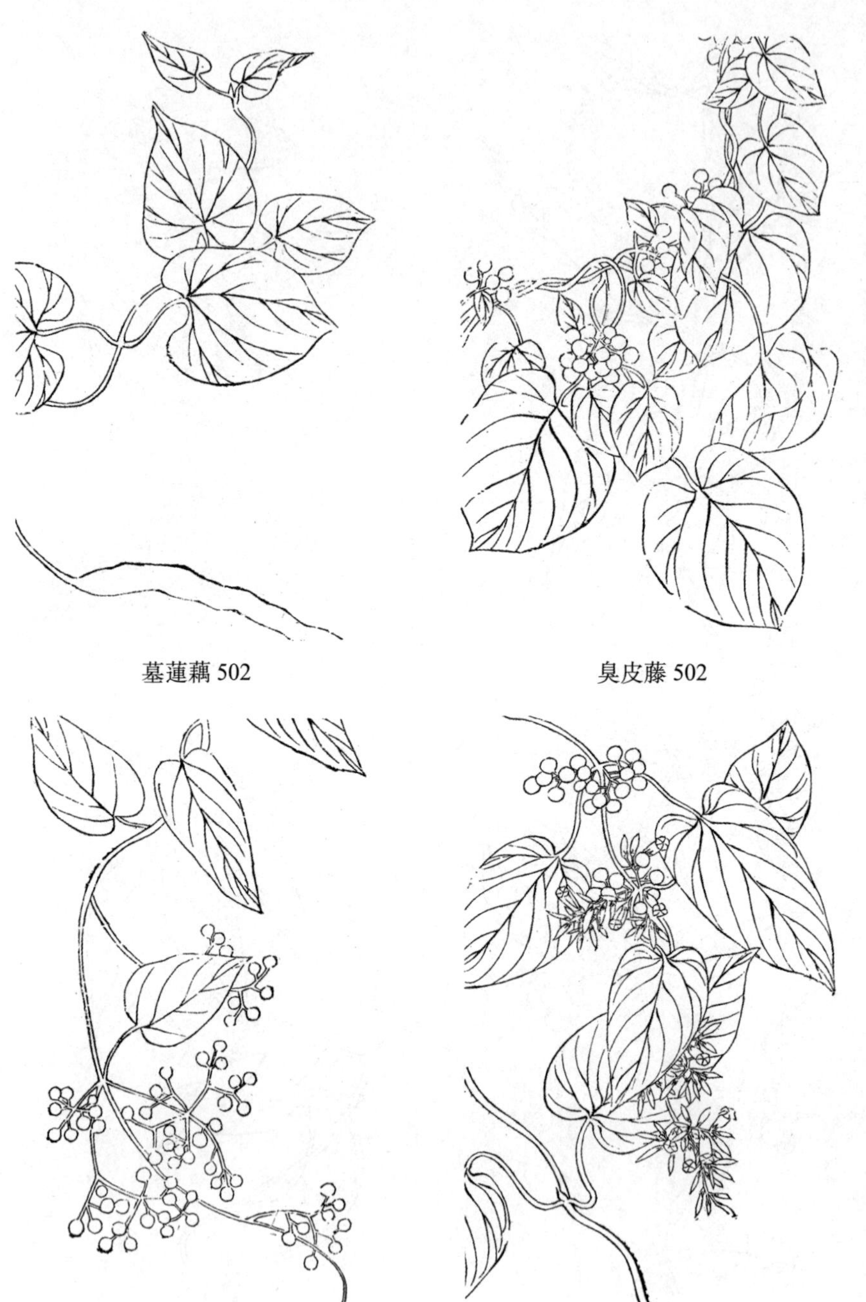

墓蓮藕 502

臭皮藤 502

雞矢藤 502

牛皮凍 502

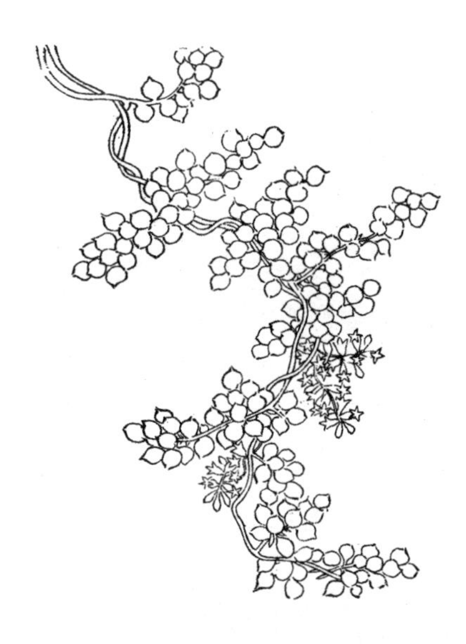

金鐙藤 502

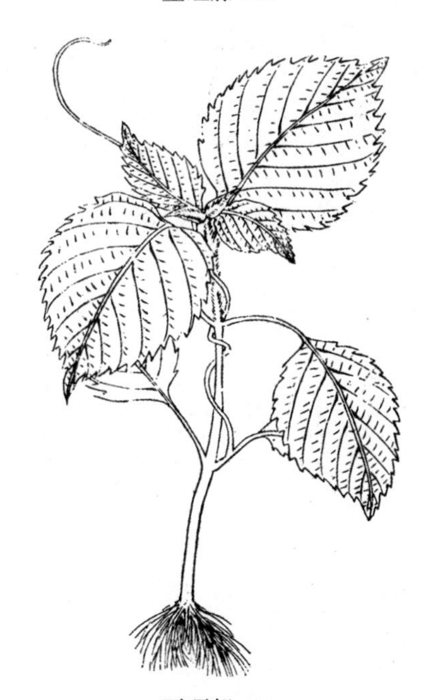

兩頭挐 503

植物名實圖考卷之二十　蔓草

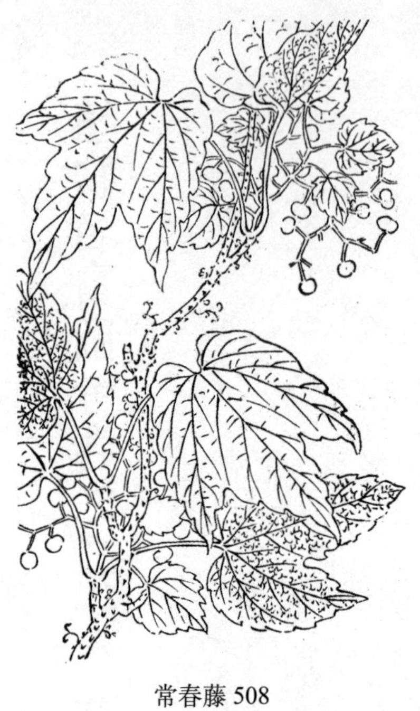

常春藤 508

土茯苓 505

千里及 509

木蓮 507

榼藤子 510

懸鉤子 511

懸鉤子 511

伏雞子根 512

使君子 512

木鼈子 514

何首烏 513

馬兜鈴 518

黄藥子 520

南藤 519

黄藥子 520

威靈仙 519

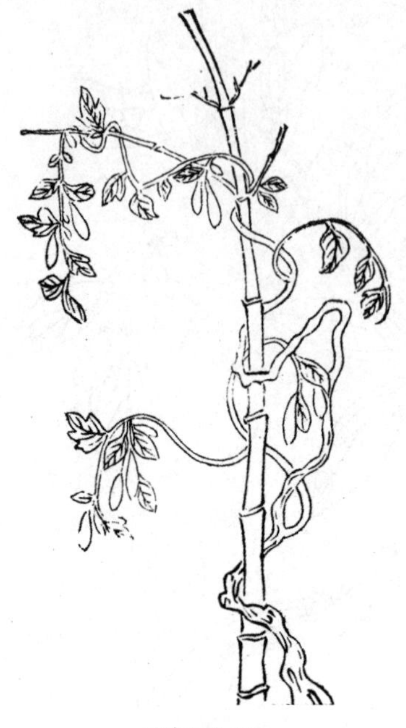
預知子 522

黄藥子 520

仙人掌草 523

山豆根 522

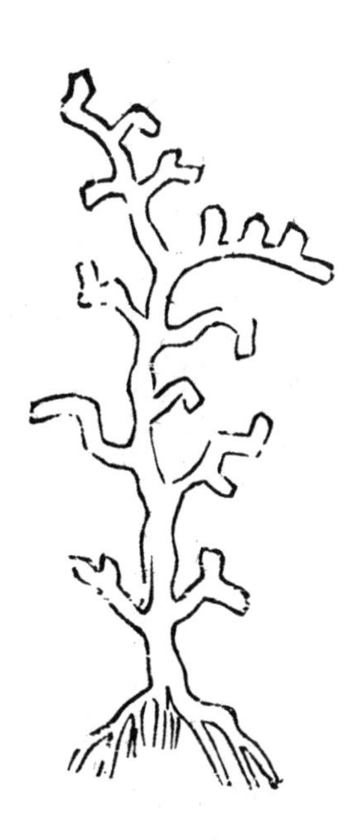

百棱藤 524

鵝抱 524

天仙藤 524

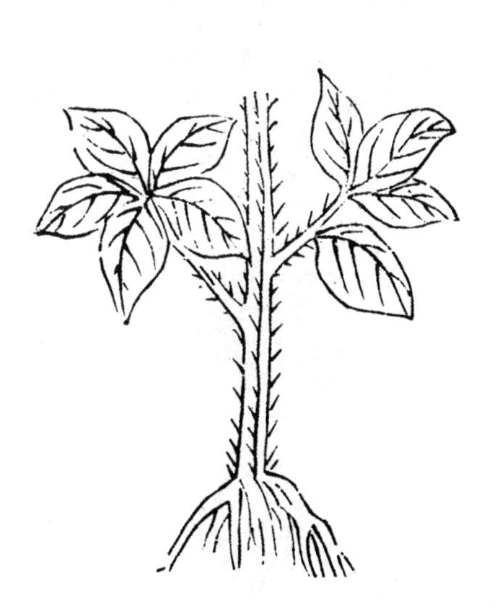

獨用藤 524

金棱藤 524

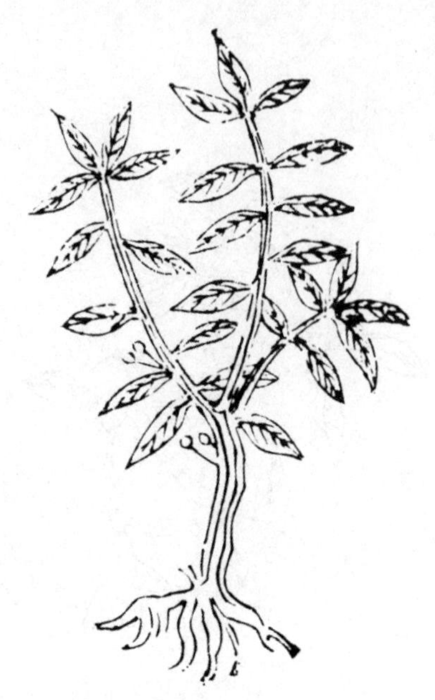
杜莖山 525

野豬尾 524

土紅山 525

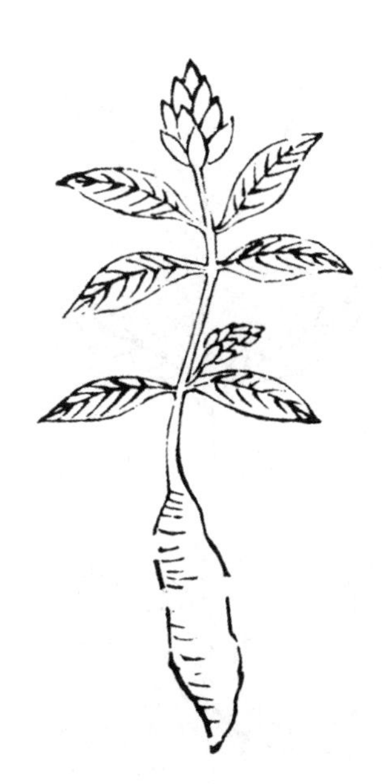

大木皮 525

芥心草 525

石合草 526

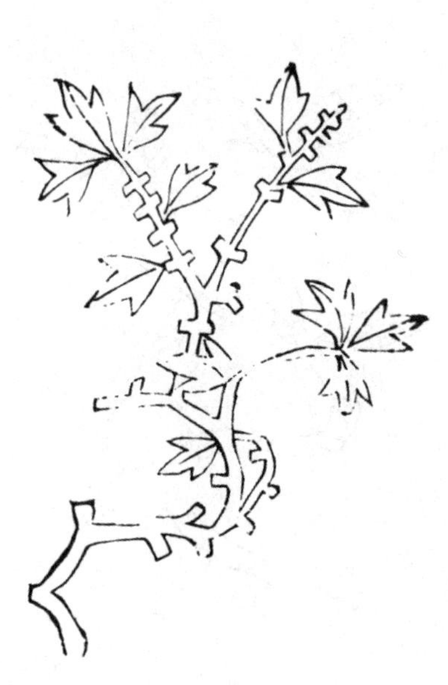

含春藤 525

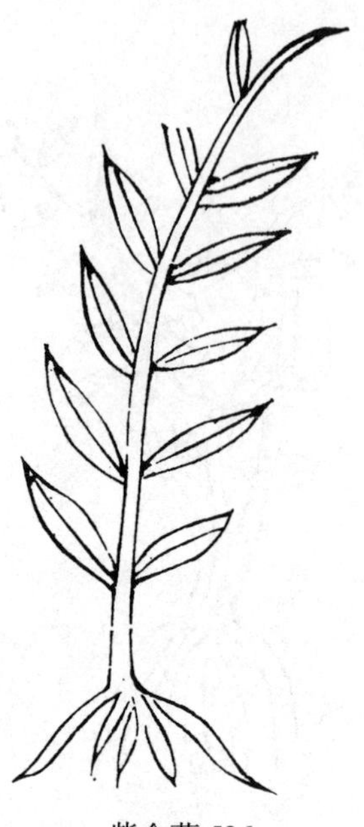
紫金藤 526

祁婆藤 526

雞翁藤 526

瓜藤 526

烈節 526

藤長苗 527

馬接脚 527

狗筋蔓 527

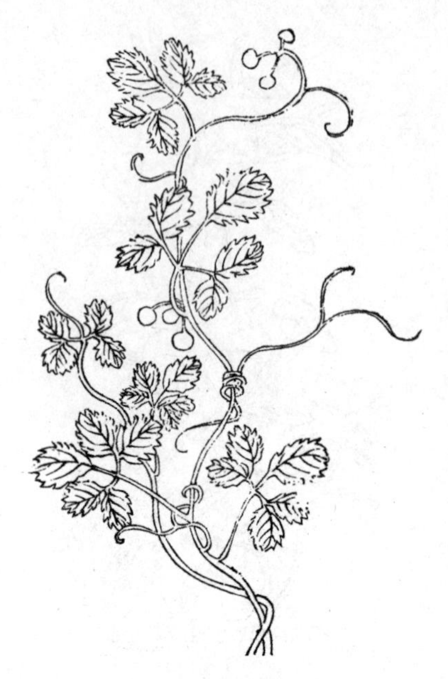

絞股藍 527

猪腰子 528

牛皮消 528

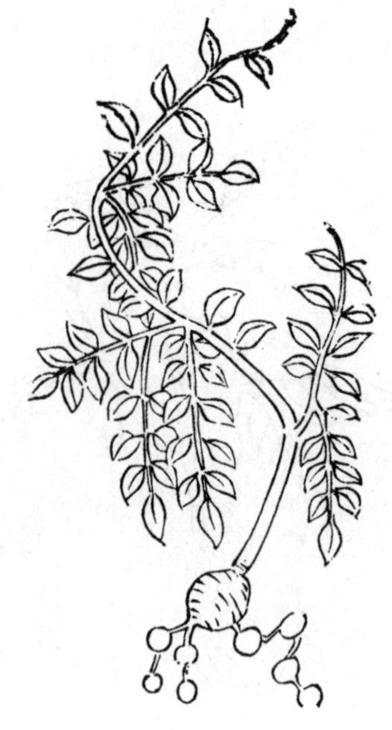

九仙子 528

杏葉草 528

明州天花粉 528

台州天壽根 529

老鸛筋 529

木羊角科 529

植物名實圖考卷之二十一　蔓草

奶樹 531

尋骨風 532

土青木香 531

內風藤 532

倒掛藤 532

鐵掃帚 532

白龍鬚 533

涼帽纓 532

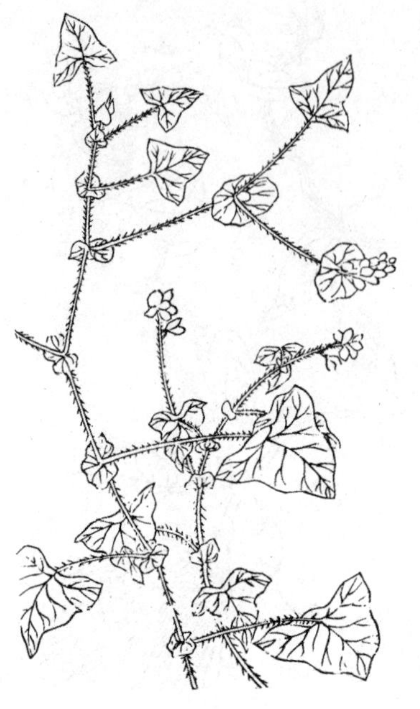

刺犁頭 533

大順筋藤 533

透骨消 534

無名一種 533

野西瓜 534

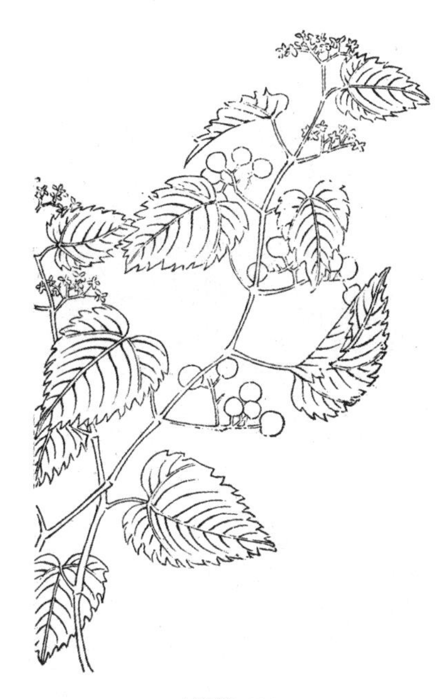

酸藤 534

鮎魚鬚 535

野苦瓜 534

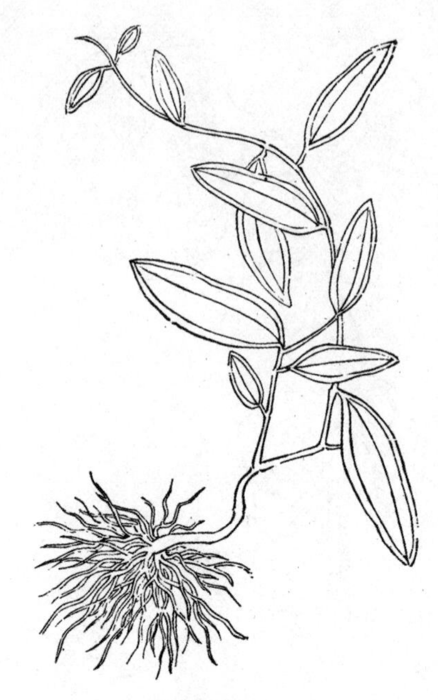

鯶魚鬚 535

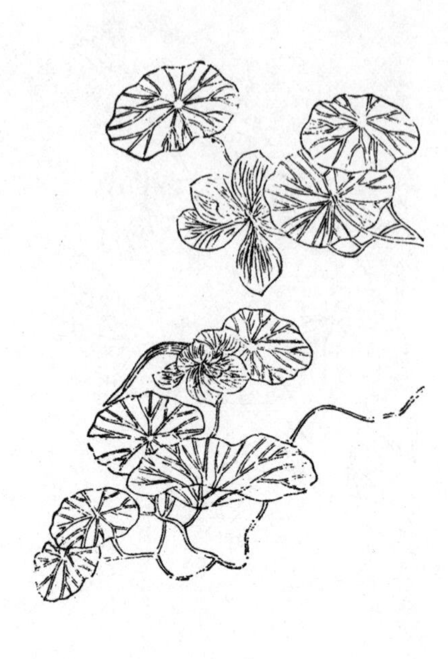

金蓮花 536

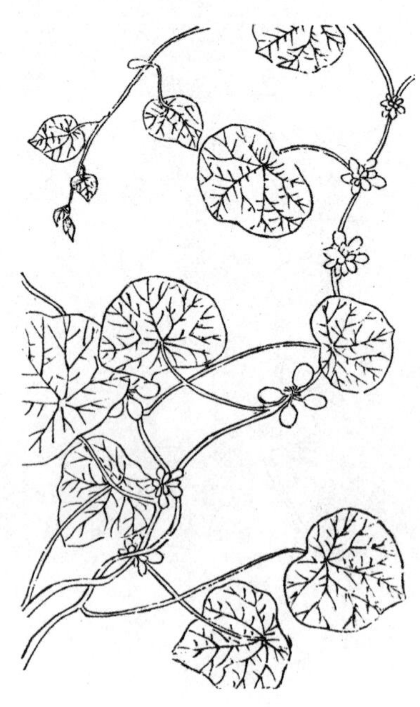

金線弔烏龜 535

小金瓜 536

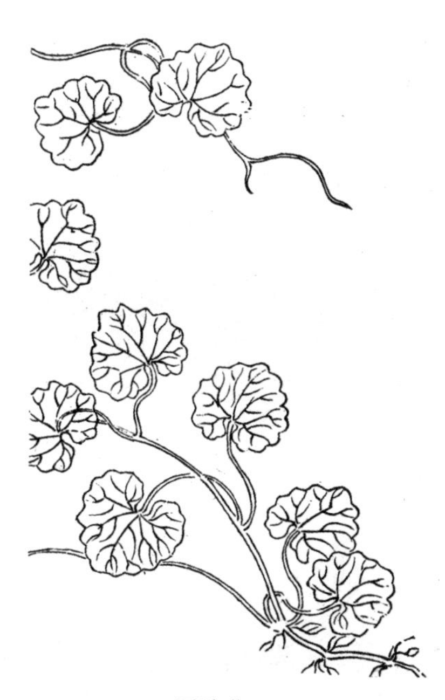
馬蹄草 536

碧緑藤 537

瓜耳草 537

金雞腿 537

白馬骨 538

血藤 537

錦雞兒 538

黄鱔藤 537

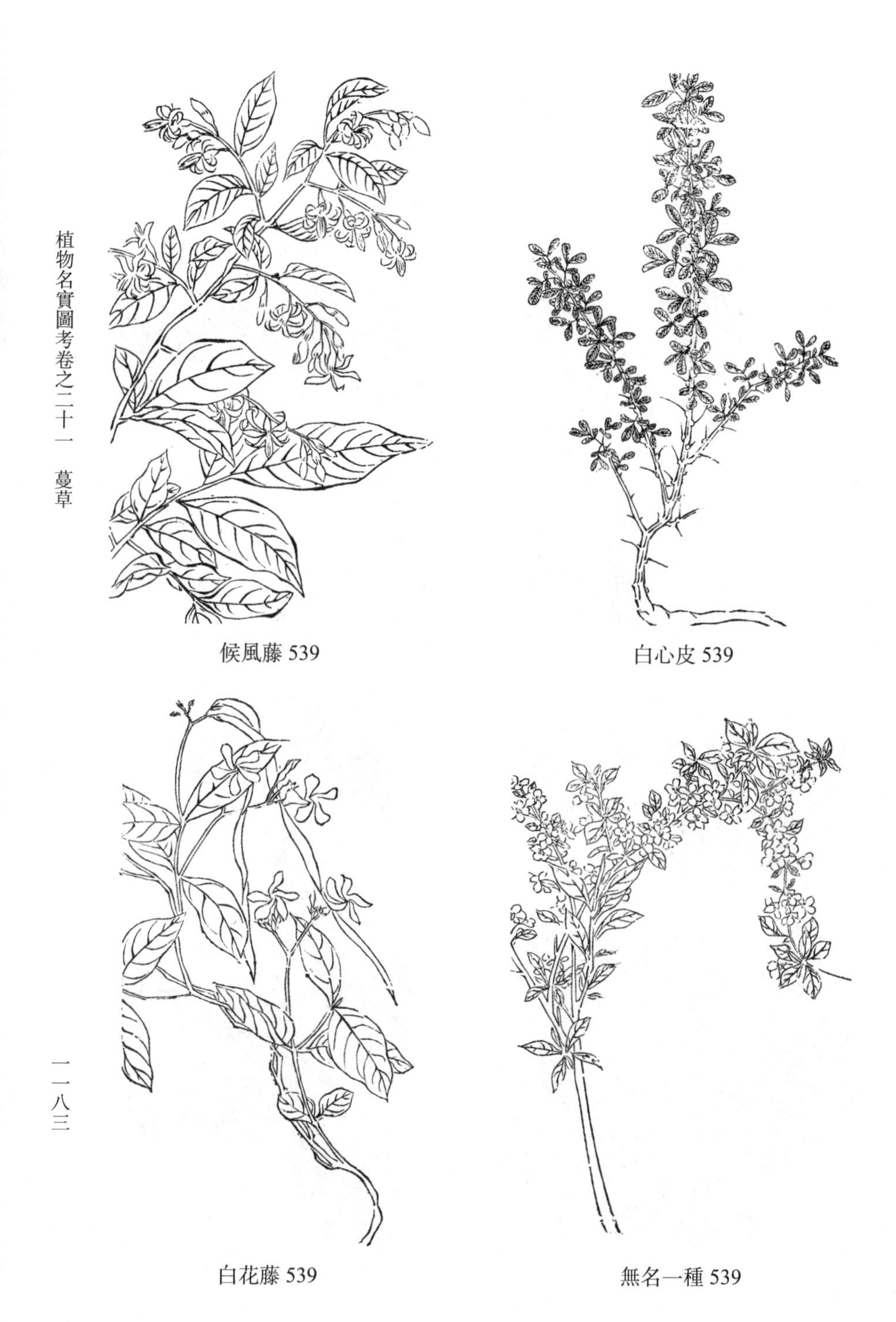

候風藤 539

白心皮 539

白花藤 539

無名一種 539

月季 542

洋條藤 541

玫瑰 542

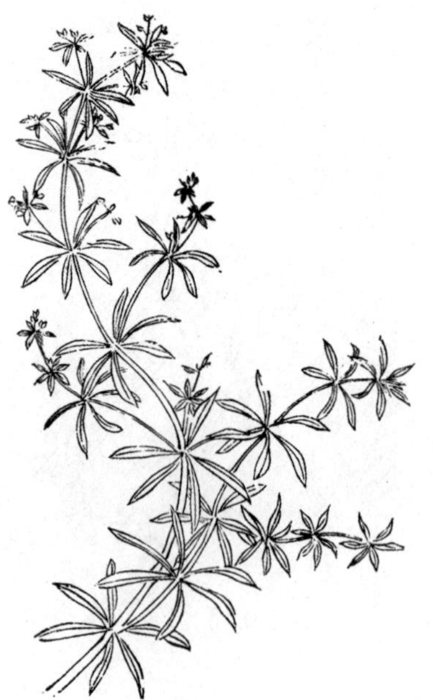

拉拉藤 541

酴醾 543

黃酴醾 544

佛見笑 544

繅絲花 544

轉子蓮 545

十姊妹 544

木香 544

植物名實圖考卷之二十二　蔓草

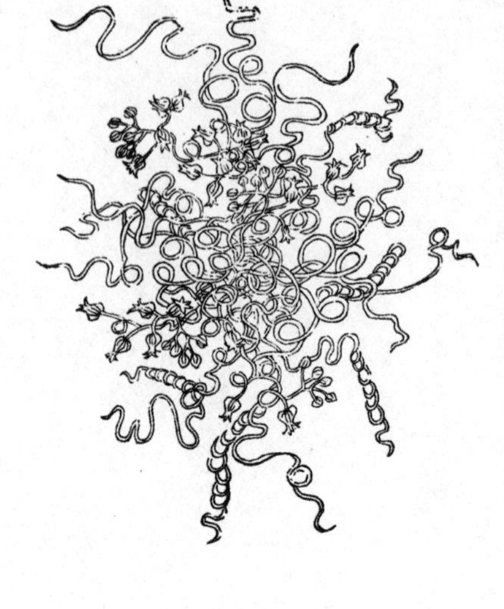
兔絲子 547

五味子 549

菟絲子 549

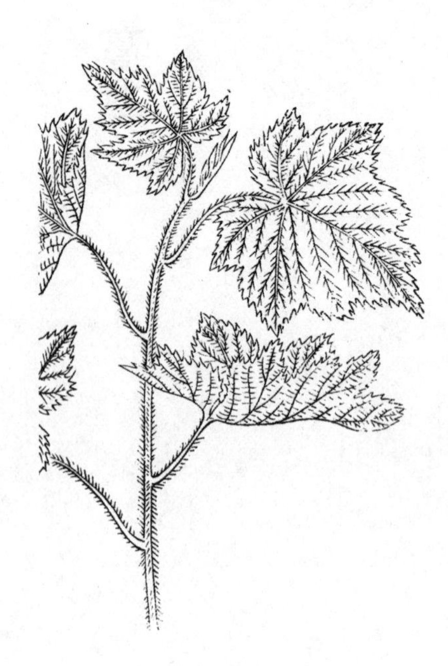
蓬虆 551

天門冬 553

蓬虆 551

覆盆子 553

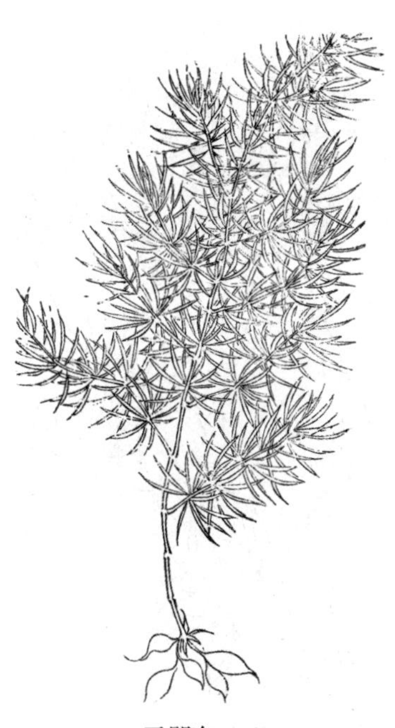
天門冬 553

營實牆蘼 556

旋花 554

營實牆蘼 556

旋花 554

絡石 560

白英 557

白兔藿 561

茜草 558

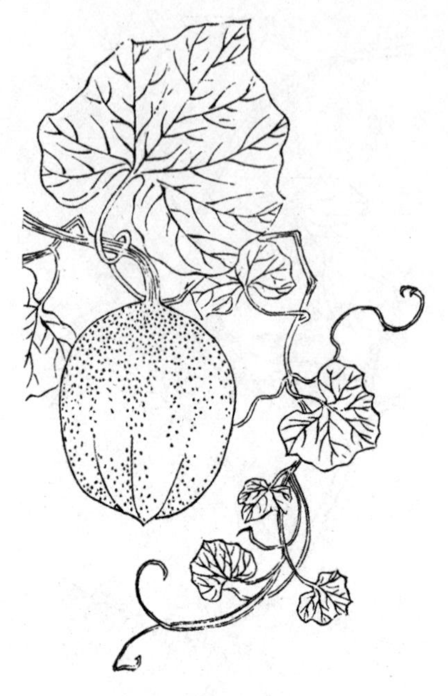
栝樓 562

紫葳 562

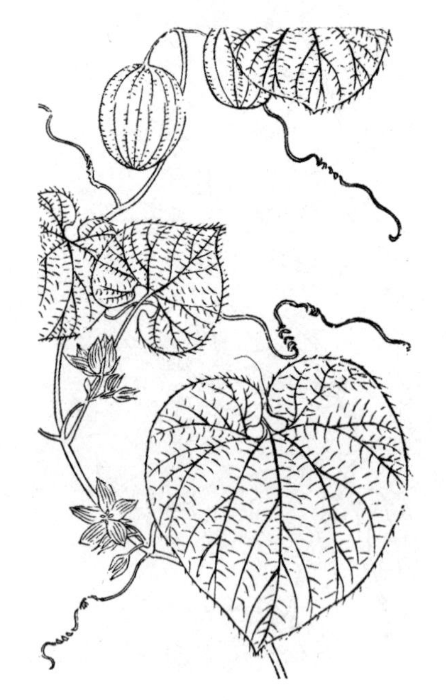
王瓜 565

栝樓 562

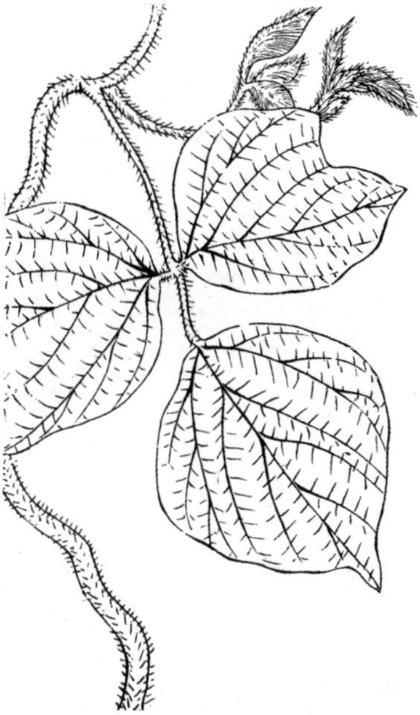

百部 566

葛 567

葛 567

通草 570

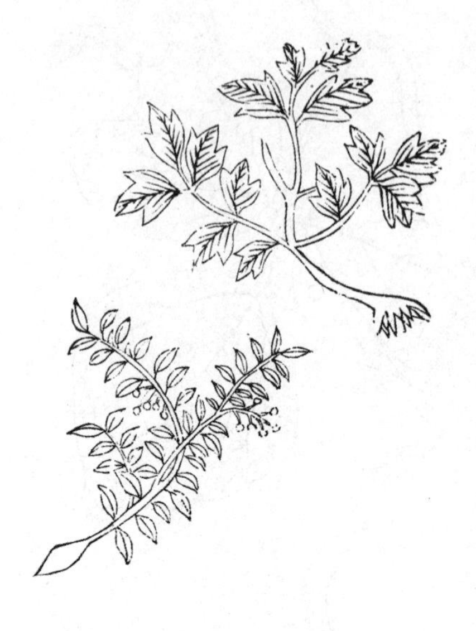
防己 570

黄環 571

羊桃 572

羊桃 572

赭魁 575

羊桃 572

忍冬 575

白斂 575

萆薢 581

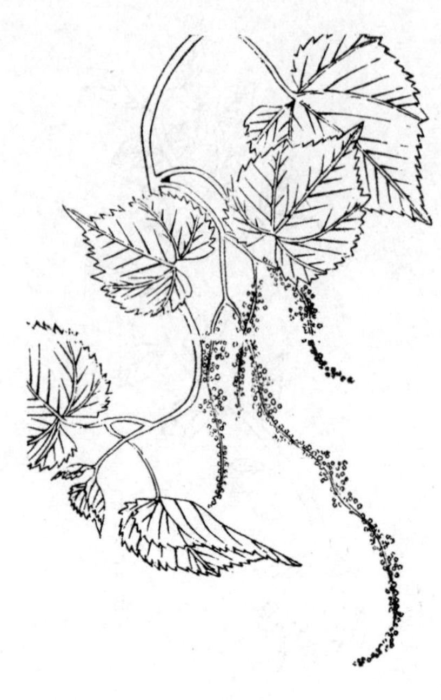
千歲蘽 579

菝葜 583

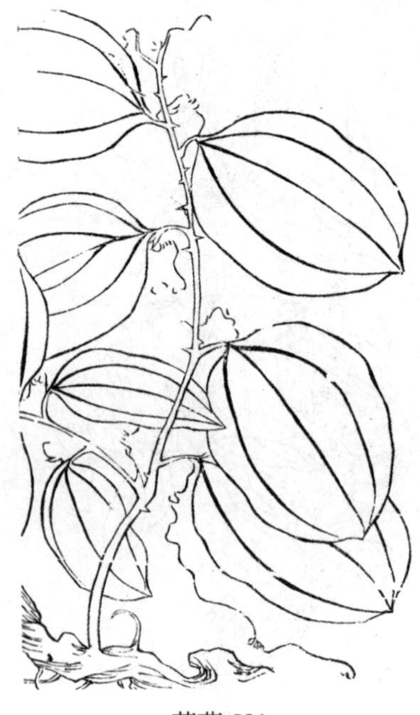
萆薢 581

牽牛子 587

鉤藤 584

女萎 588

蛇莓 586

落鴈木 590

地不容 588

解毒子 590

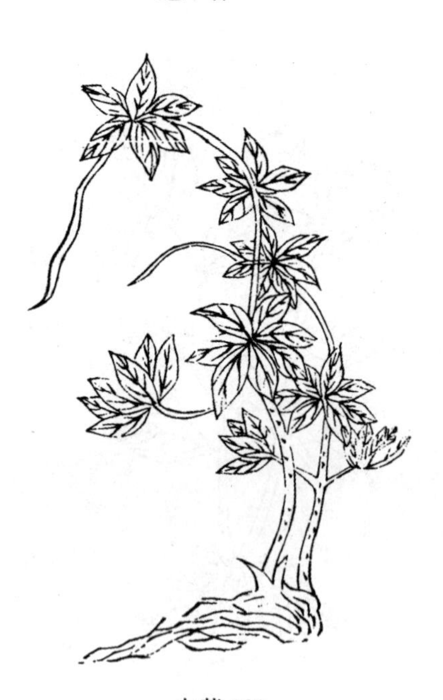

白藥 590

紫葛 594

蘿藦 591

烏蘞苺 594

赤地利 593

葎草 595

植物名實圖考卷之二十三　蔓草　芳草　毒草

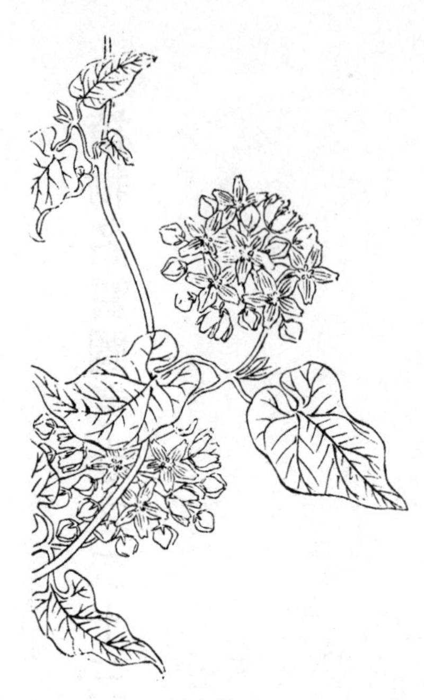
刀瘡藥 597

四喜牡丹 597

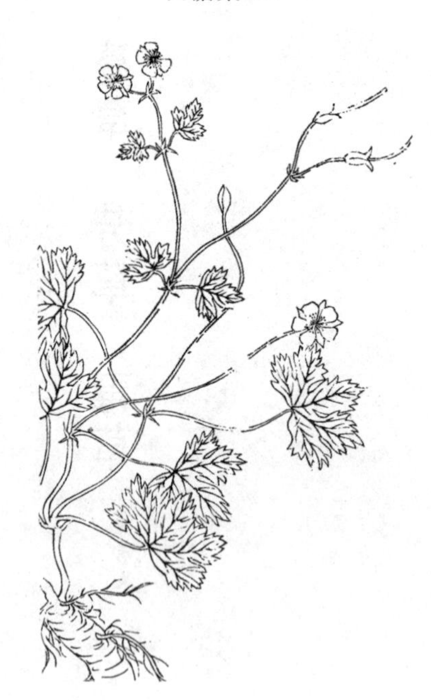
紫地榆 598

刺天茄 597

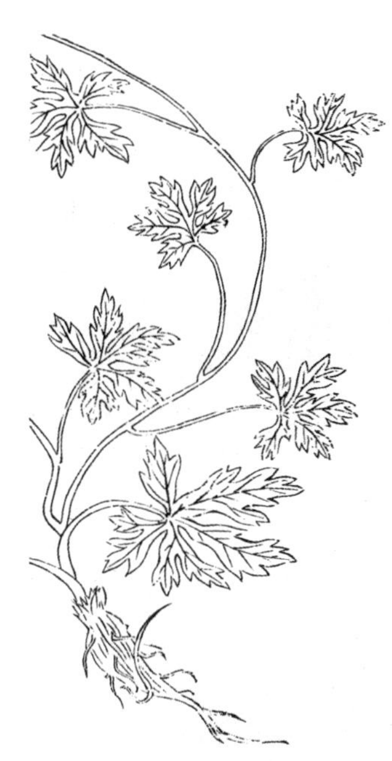

堵喇 598

滇白藥子 598

土餘瓜 599

葉上花 598

繡毬藤 600

滇土瓜 599

扒毒散 601

昆明雞血藤 600

銅錘玉帶草 601

崖石榴 601

鐵馬鞭 601

金線壺盧 601

地棠草 602

黄龍藤 602

鞭打繡毬 602

白龍藤 602

漢葒魚腥草 602

昆明沙參 603

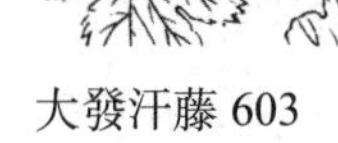

大發汗藤 603

飛仙藤 604

鞭繡毬 604

金雀馬尾參 605

董黄草 604

雞血藤 605

青羊參 606

碗花草 605

滇紅萆薢 606

紫參 605

青刺尖 606

架豆參 606

染銅皮 606

山苦瓜 606

馬尿藤 607

紫羅花 607

巴豆藤 607

過溝藤 607

滇兔絲子 607

滇防己 607

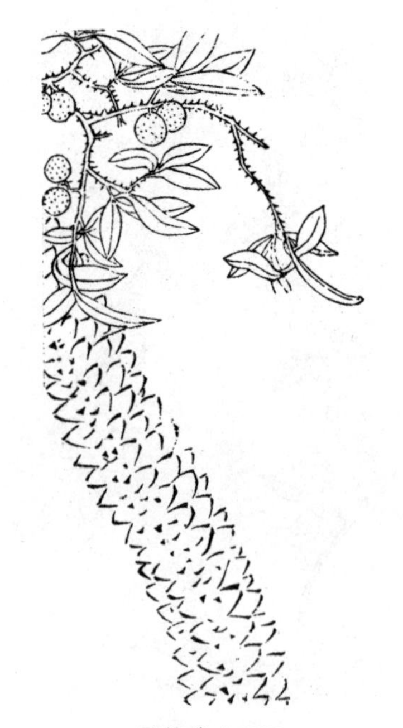
飛龍掌血 608

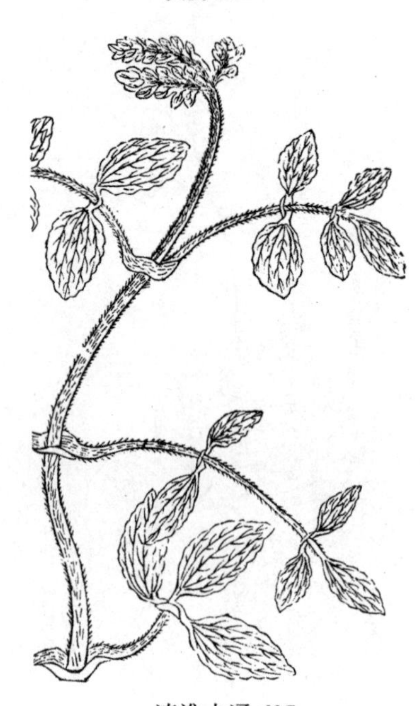
滇淮木通 607

山豆花 608

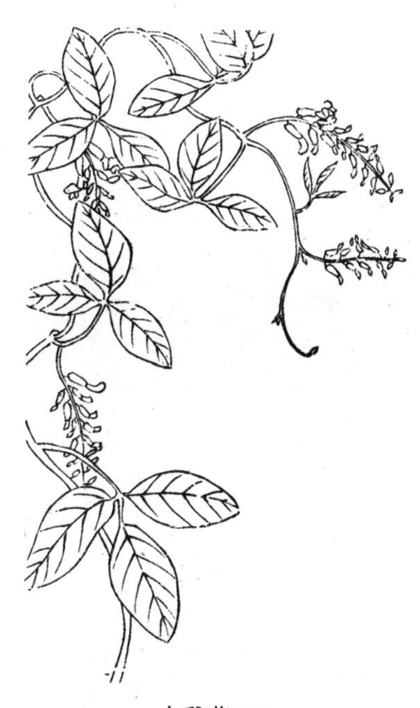
小雞藤 608

山紅豆花 608

竹葉吉祥草 608

野山葛 608

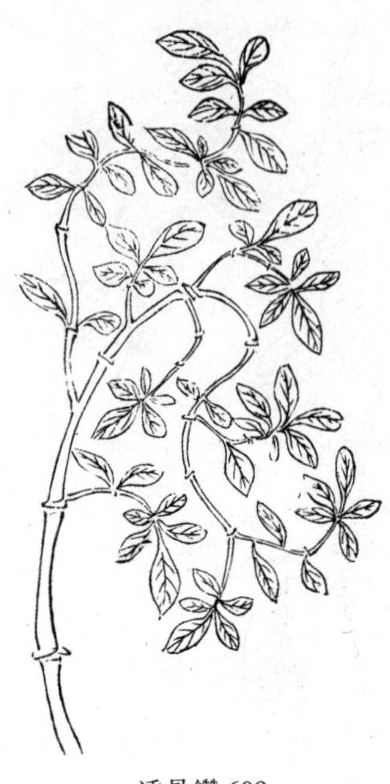

透骨鑽 609

象鼻藤 608

珠子參 609

老虎刺 609

土黨參 609

土荆芥 609

山土瓜 609

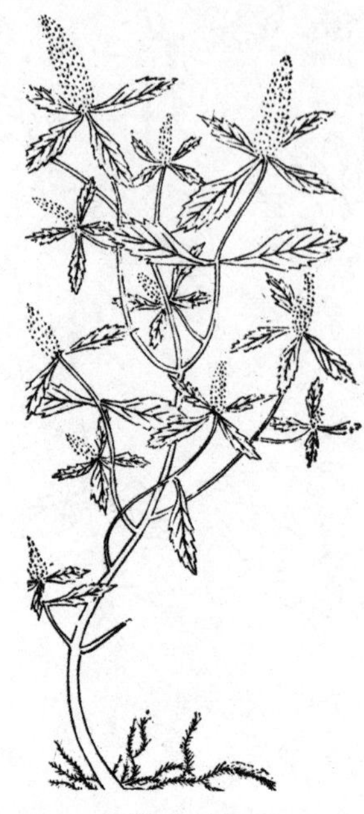
野草香 610

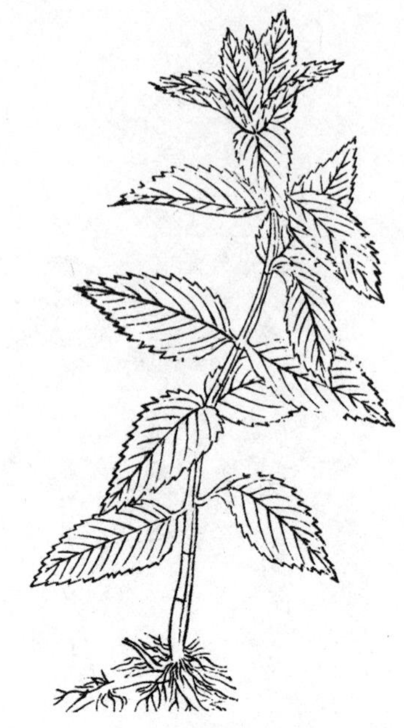
滇南薄荷 610

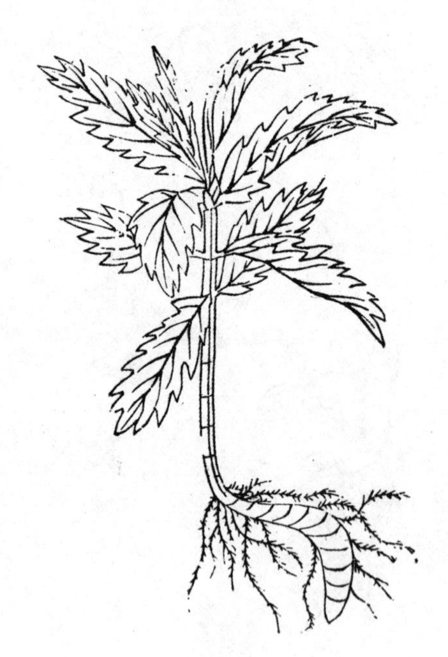
地笋 610

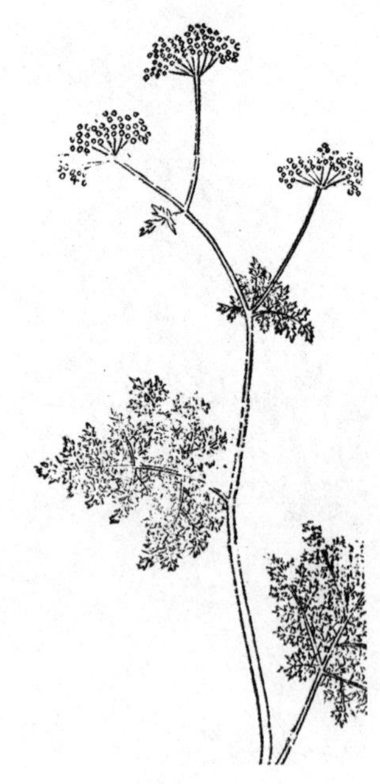
滇藁本 610

滇瑞香 610

東紫蘇 611

滇芎 611

白草果 611

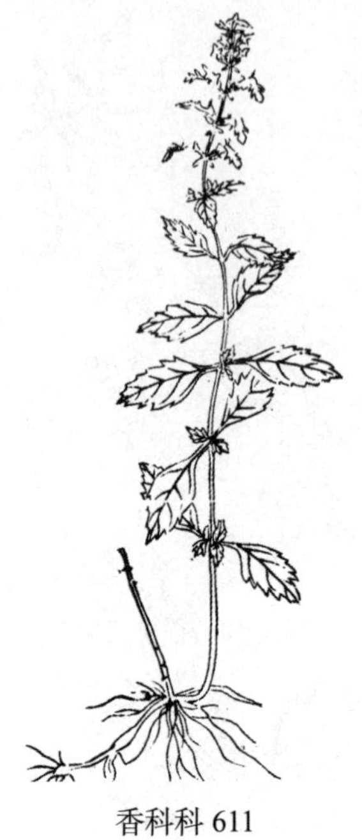
香科科 611

小黑牛 611

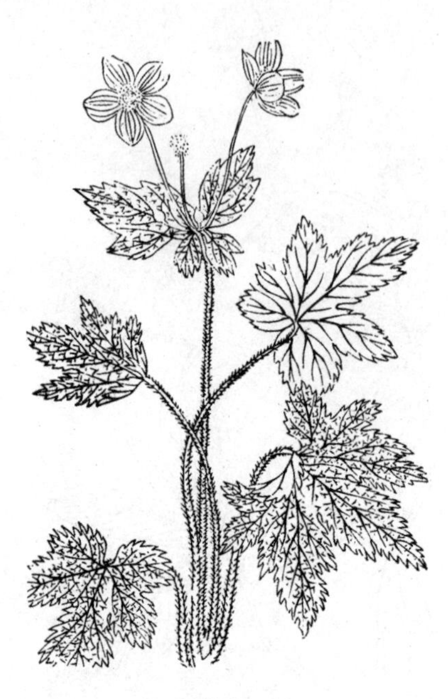
野棉花 612

月下参 612

羊肝狼頭草 613

小草烏 612

野煙 613

滇常山 612

雞骨常山 613

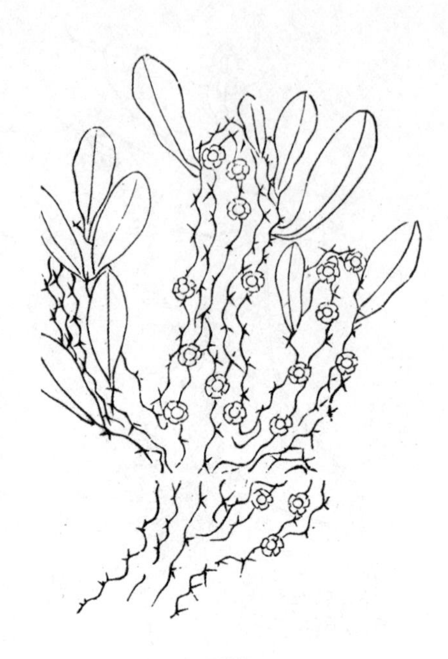

金剛纂 614

象頭花 614

紫背天葵 615

植物名實圖考卷之二十四　毒草

大黃 617

商陸 619

商陸 619

狼毒 620

狼牙 621

常山 622

藜蘆 621

䕡茹 624

澤漆 624

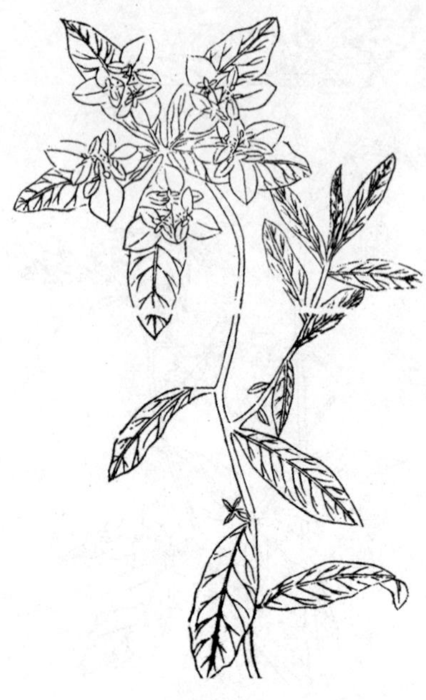

大戟 624

雲實 625

乳漿草 624

附子 627

羊躑躅 627

天南星 629

搜山虎 627

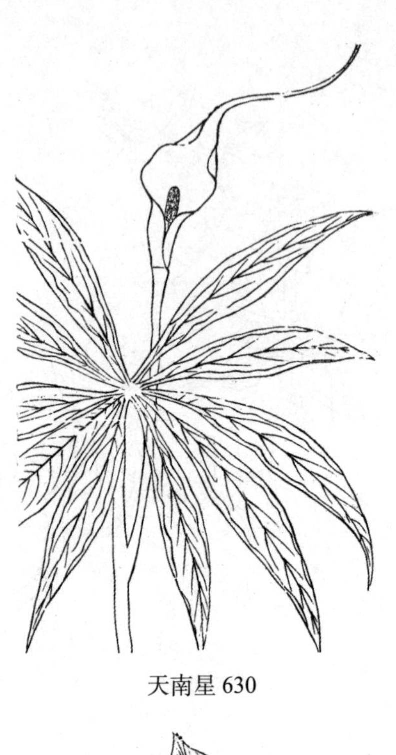
天南星 630

天南星 630

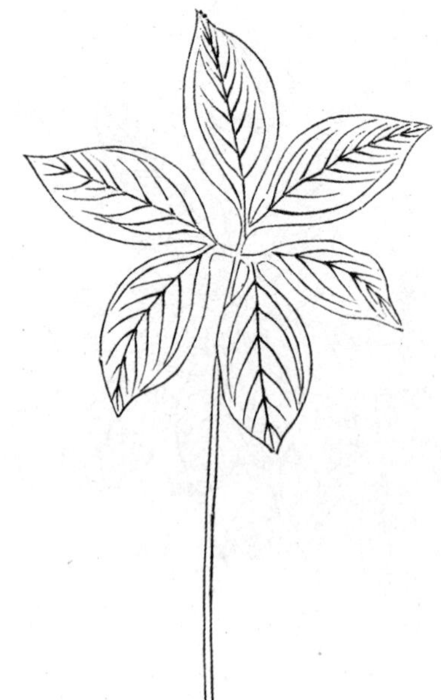
由跋 630

天南星 630

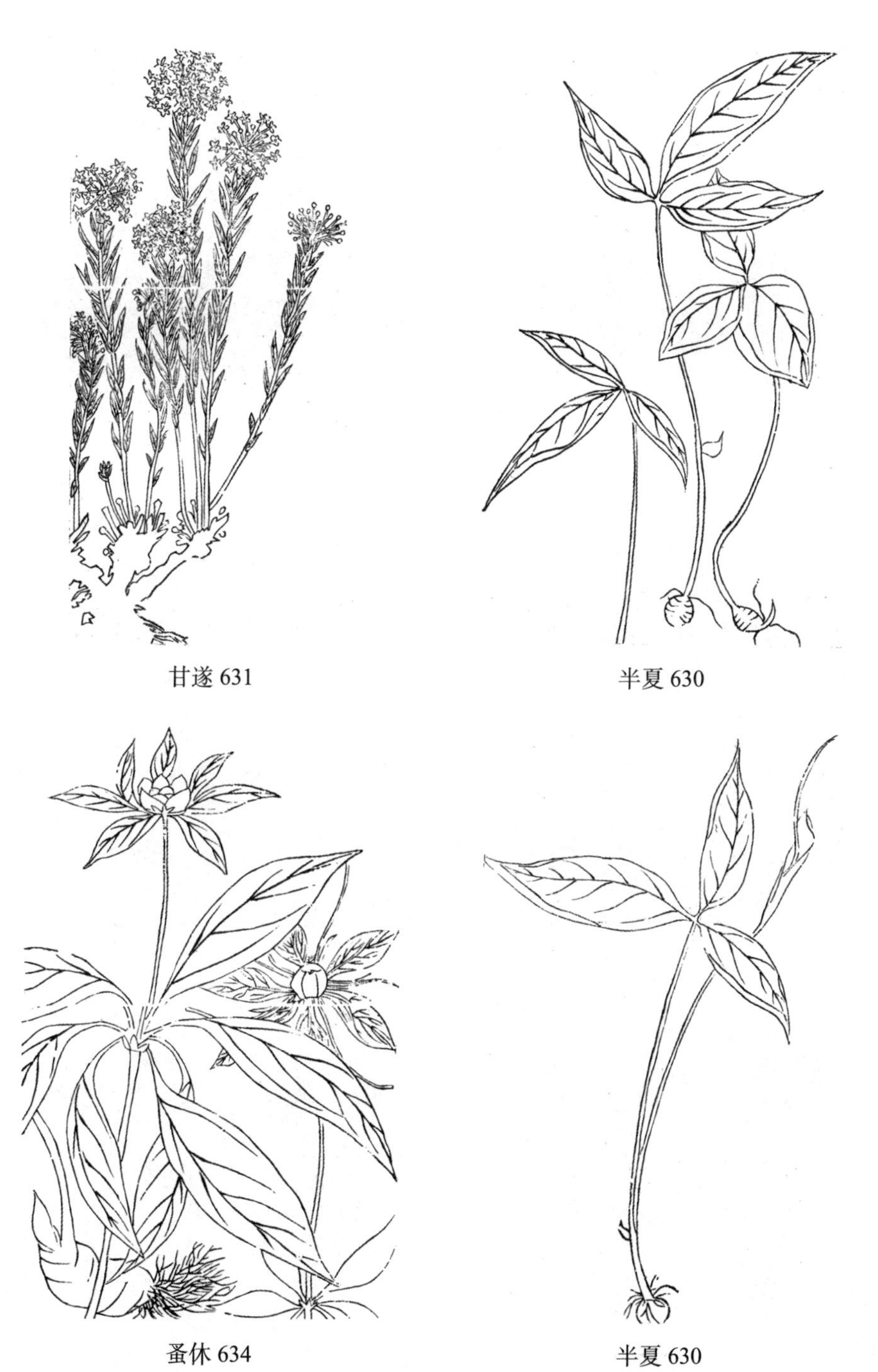

甘遂 631

半夏 630

蚤休 634

半夏 630

白花射干 640

鬼臼 634

鳶尾 640

射干 635

芫花 643

石龍芮 641

金腰帶 644

茵芋 641

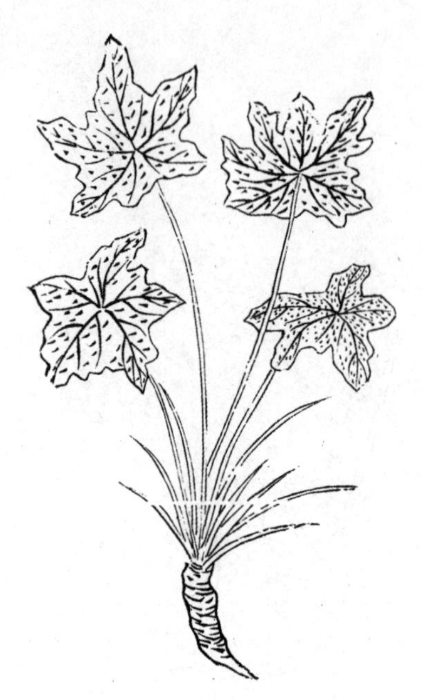

牛扁 644

莨菪 645

蕘花 644

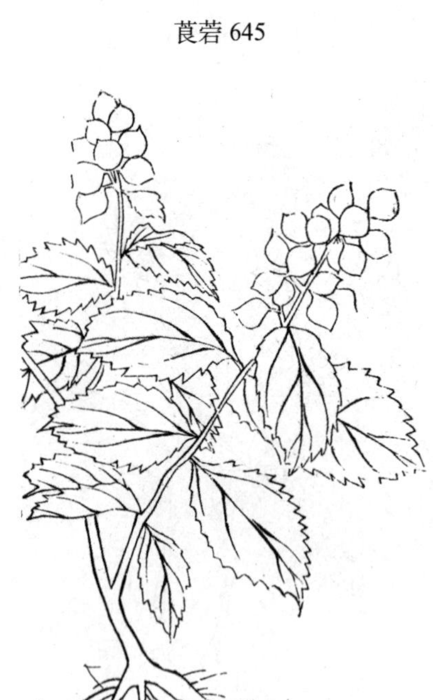

莽草 647

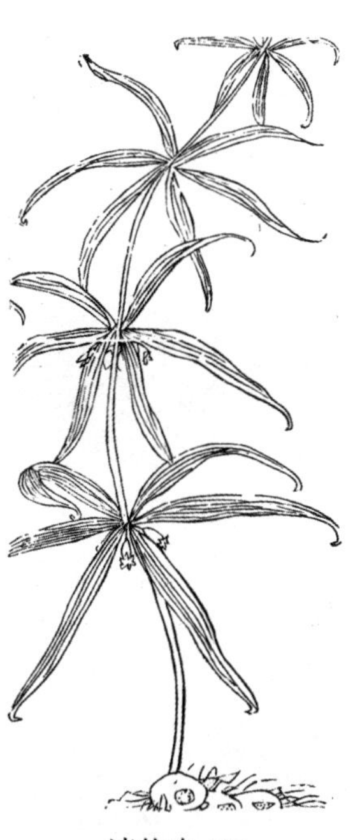

滇鉤吻 649

鉤吻 649

滇鉤吻 649

植物名實圖考卷之二十五　芳草

隔山香 660

蘭草 655

蛇床子 660

芎藭 659

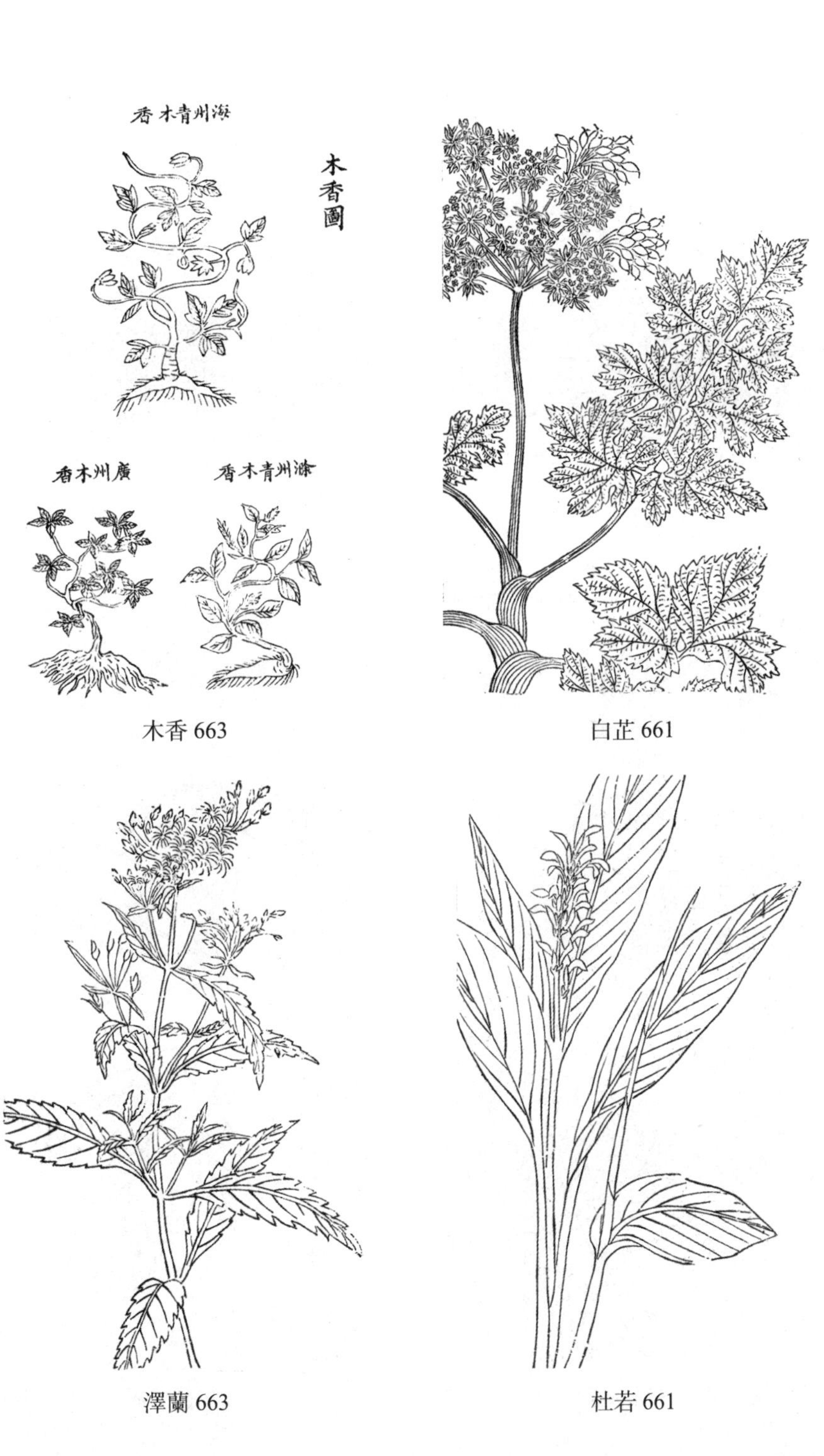

木香 663

白芷 661

澤蘭 663

杜若 661

當歸 664

土當歸 664

芍藥 665

牡丹 666

假蘇 667

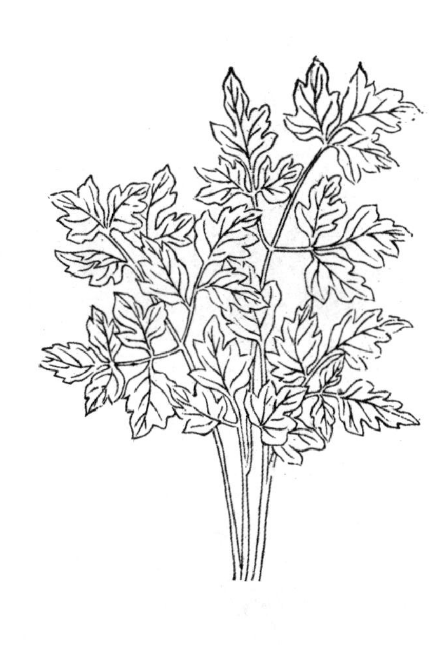

藁本 666

爵牀 668

水蘇 666

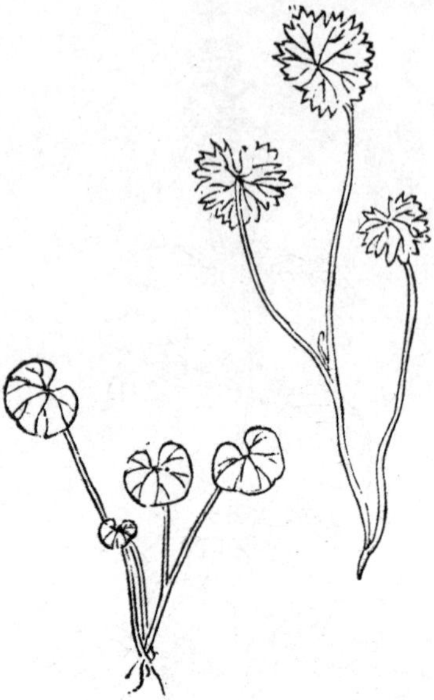

蘇 669

積雪草 668

回回蘇 670

荏 668

大葉香薷 671

豆蔻 670

石香薷 672

香薷 671

鬱金香 674

莎草 672

高良薑 675

鬱金 674

大葉薄荷 677

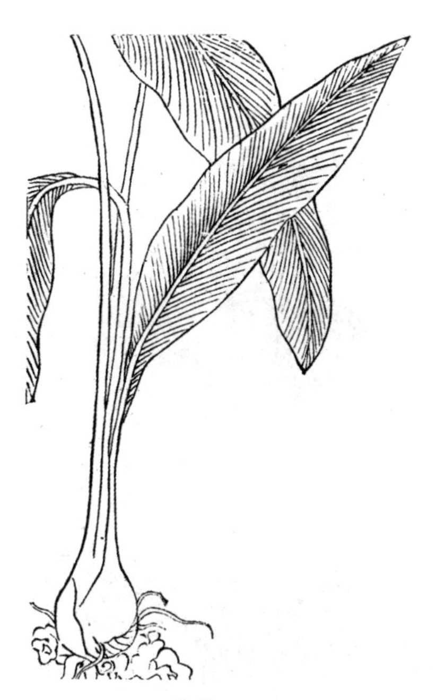

薑黄 676

蒟醬 678

薄荷 677

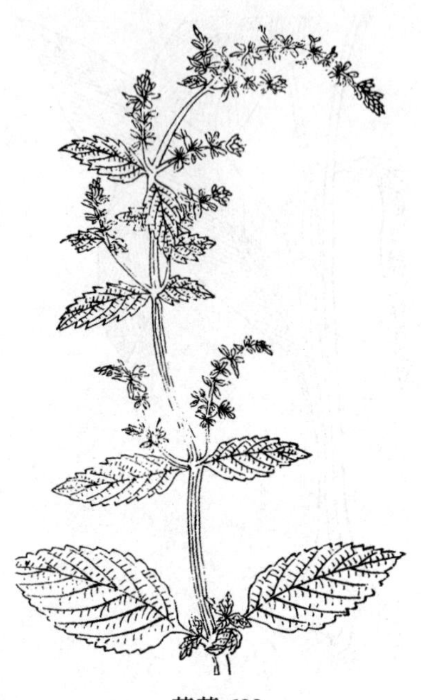

薺薴 682

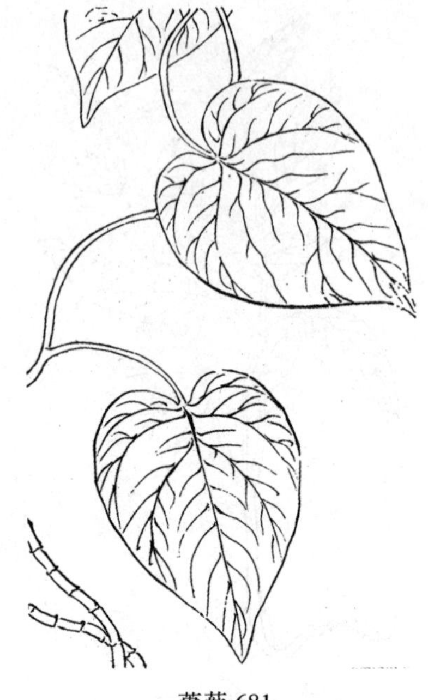

蘡薁 681

石薺薴 682

馬蘭 681

荆三棱 682

山薑 682

蓬莪朮 683

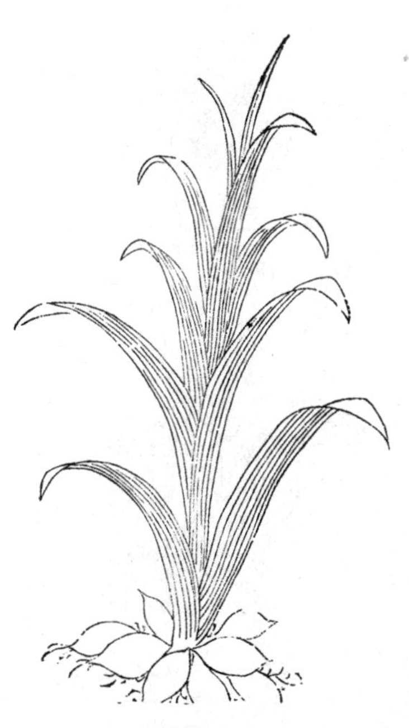

廉薑 682

藿香 683

零陵香 684

野藿香 684

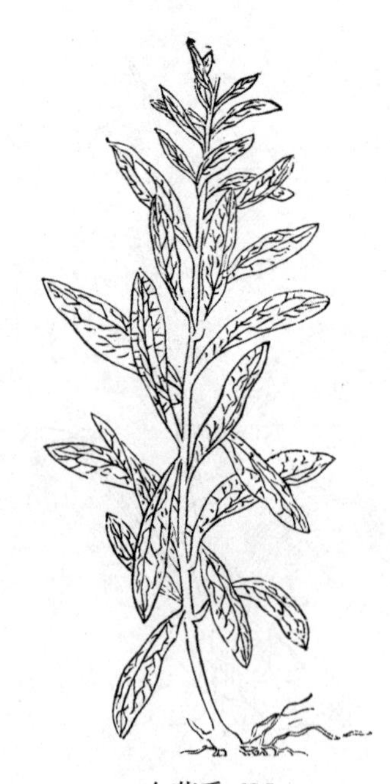
白茅香 685

補骨脂 685

肉豆蔻 685

蓽撥 685

白豆蔻 685

甘松香 687

益智子 687

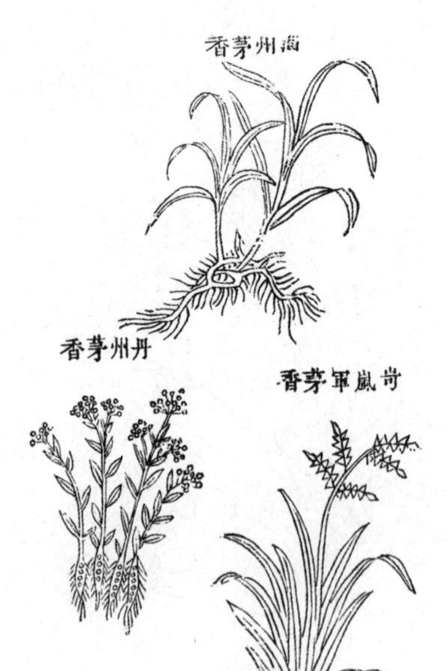

茅香花 688

畢澄茄 687

排草 688

縮砂蔤 688

元寶草 689

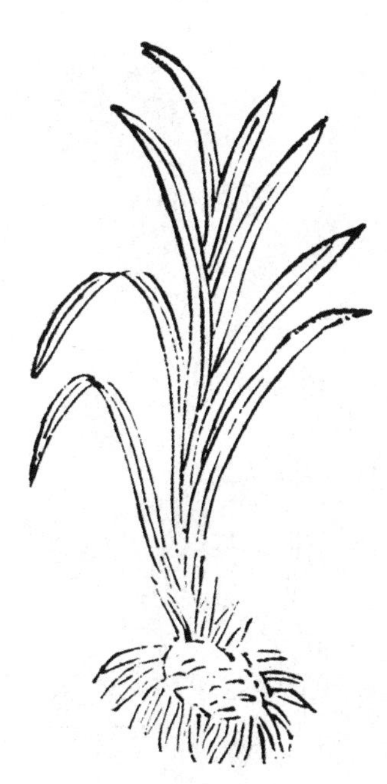
福州香麻 688

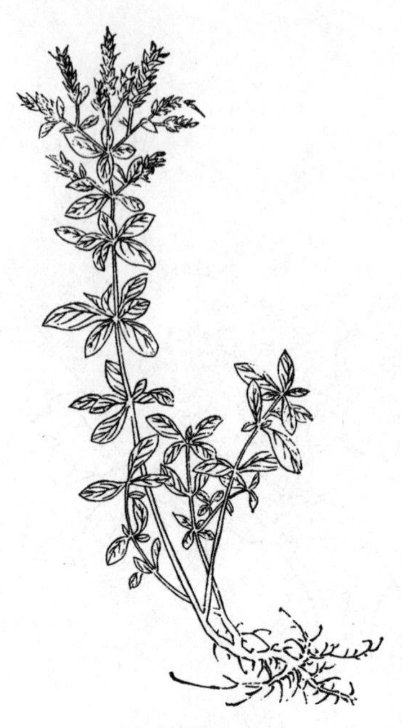

小葉薄荷 690

三柰 689

蘭香草 690

辟汗草 690

芸 690

植物名實圖考卷之二十六　群芳

萬壽子 697

紫薇 695

春桂 697

南天竹 695

蘭花 698

丁香花 699

紅蘭 698

棣棠 699

八仙花 700

白棣棠 700

錦團團 700

繡毬 700

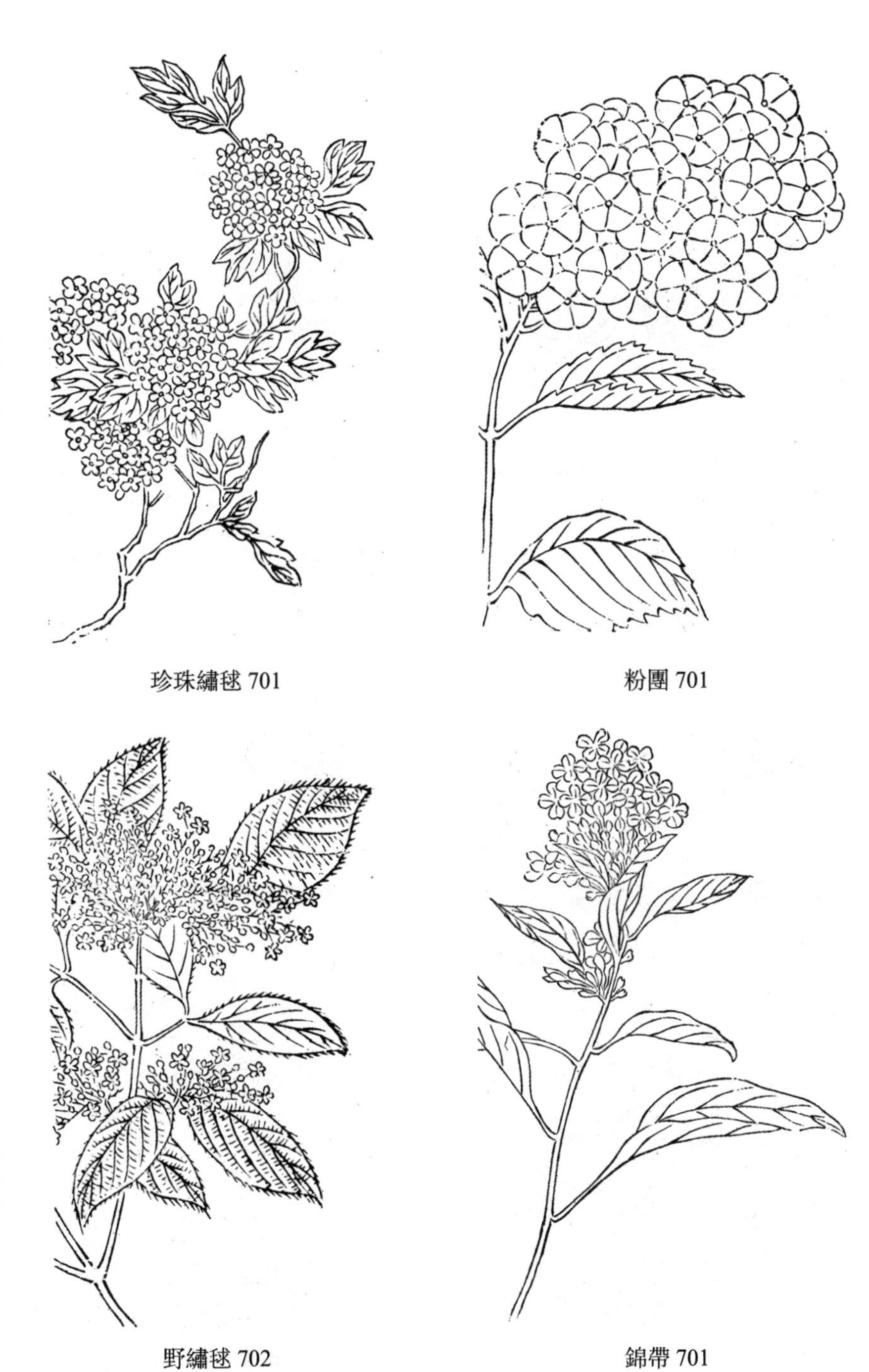

珍珠繡毬 701

粉團 701

野繡毬 702

錦帶 701

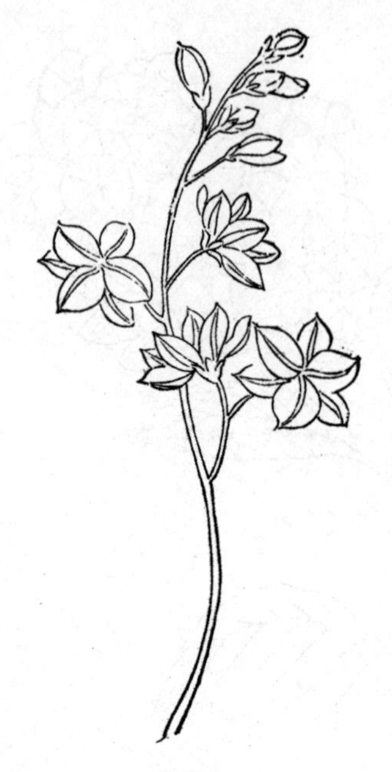

翠梅 702

美人蕉 702

金燈 702

鐵線海棠 702

小翠 703

獅子頭 703

長春花 703

晚香玉 703

罌子粟 703

野鳳仙花 704

龍頭木樨 705

植物名實圖考卷之二十七　群芳

蜜萱 707

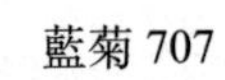

藍菊 707

滿天星 707

玉桃 707

如意草 708

淨瓶 708

金箴 708

蔦蘿松 708

水木樨 709

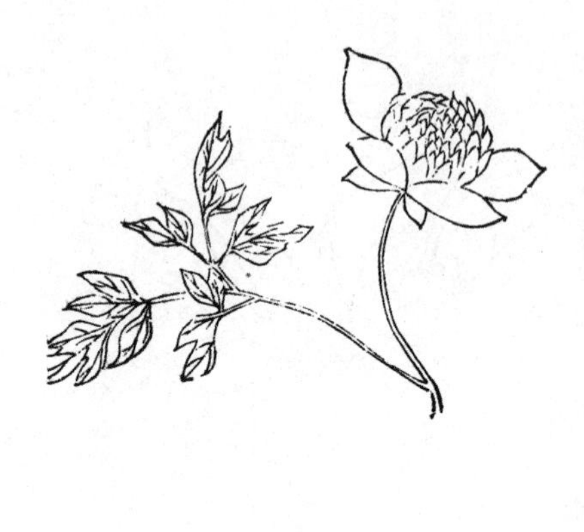

鐵線蓮 708

千日紅 709

金絲桃 709

野茉莉 710

萬壽菊 709

荷包牡丹 710

虎掌花 710

翠雀 710

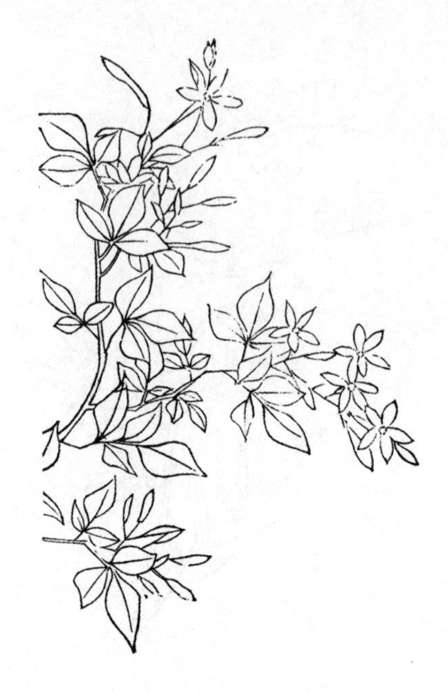

金雀 711

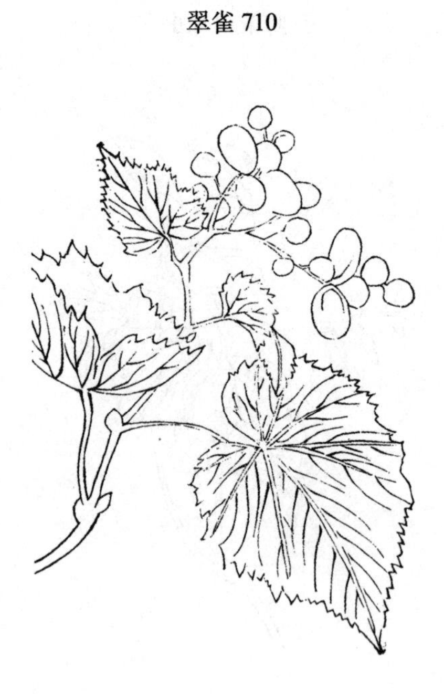

秋海棠 711

金錢花 711

松壽蘭 712

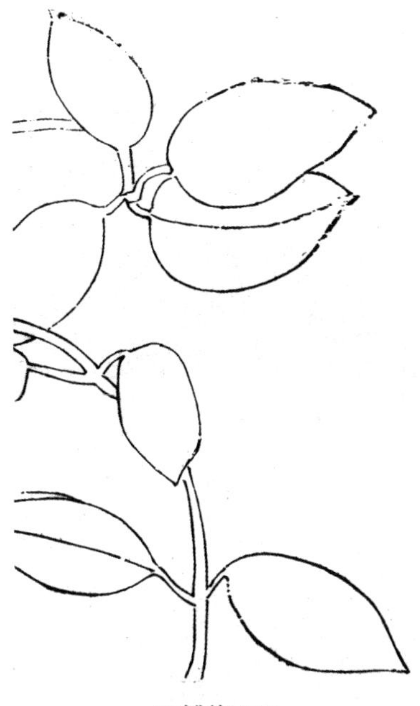

玉蝶梅 712

貼梗海棠 712

吉祥草 712

半邊月 713

望江南 713

盤内珠 713

植物名實圖考卷之二十八　群芳

獨占春 715

風蘭 715

雪蕙 716

風蘭 715

虎頭蘭 716

朱蘭 716

朵朵香 716

春蘭 716

夏蕙 717

雪蘭 717

小綠蘭 717

雪蘭 717

元旦蘭 717

大綠蘭 717

火燒蘭 718

蓮瓣蘭 717

大硃砂蘭 718

風蘭 718

小硃砂蘭 718

五色蘭 718

佛手蘭 718

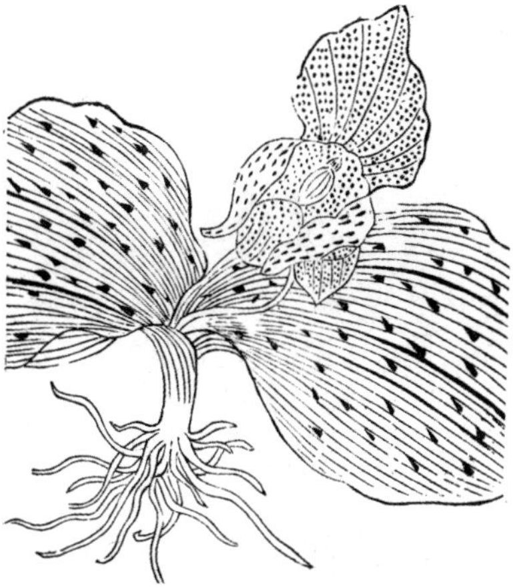

蘭花雙葉草 719

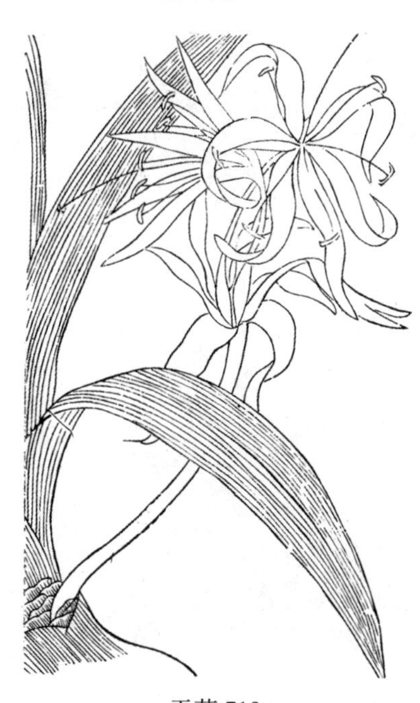

天蒜 719

紅花小獨蒜 719

黄花獨蒜 719

鴨頭蘭花草 720

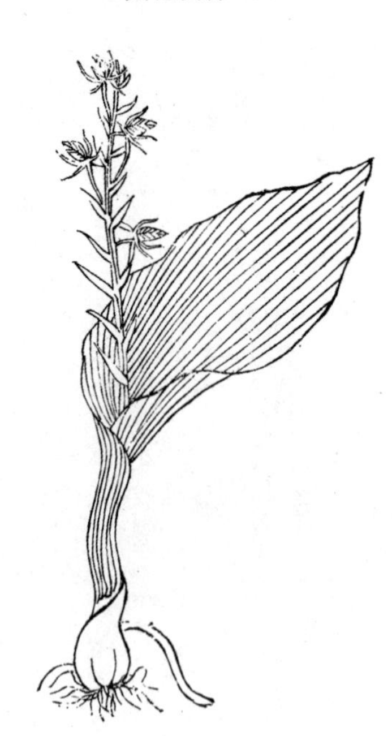

羊耳蒜 720

鷺鷥蘭 720

象牙參 720

小紫含笑 721

植物名實圖考卷之二十九　群芳

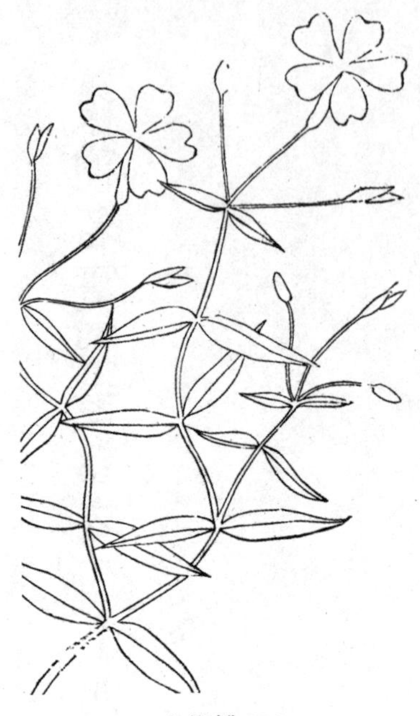
金蝴蝶 724

佛桑 723

黄連花 724

蓮生桂子花 723

白刺花 725

野丁香 724

報春花 725

牛角花 724

小雀花 725

燈籠花 726

素興花 726

荷包山桂花 726

地湧金蓮 727

滇丁香 726

丈菊 727

藏丁香 727

鐵線牡丹 728

壓竹花 728

七里香 728

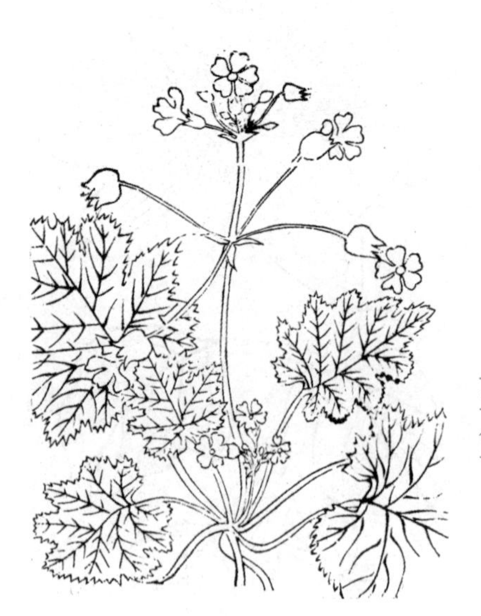

藏報春 728

草玉梅 729

草葵 728

白薔薇 729

野梔子 729

珍珠梅 729

䕸花 729

緬梔子 729

野蘿蔔花 729

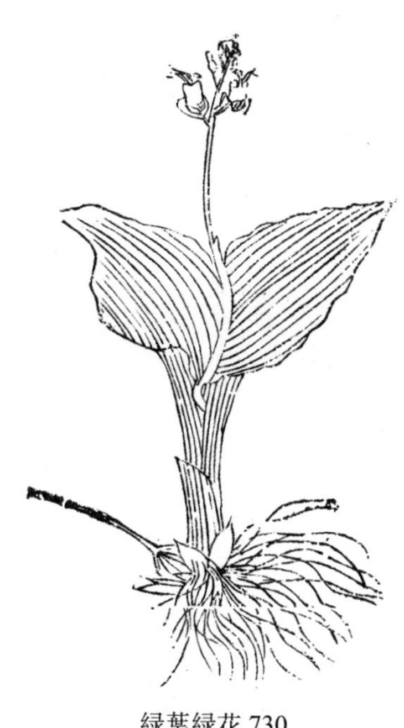

緑葉緑花 730

海仙花 730

白蝶花 730

植物名實圖考卷之三十　群芳

木棉 732

頳桐 731

含笑 733

夾竹桃 731

夜合花 733

鳳皇花 734

賀正梅 734

末利 734

文蘭樹 736

素馨 734

黃蘭 736

夜來香 736

鴨子花 737

彩蝶 737

鶴頂 737

馬纓丹 737

百子蓮 738

朱錦 737

珊瑚枝 738

西番蓮 738

鈴兒花 739

毯冠花 738

華蓋花 739

换錦花 739

玲甲花 739

油葱 740

水蠟燭 740

鐵樹 740

喝呼草 740

植物名實圖考卷之三十一　果類

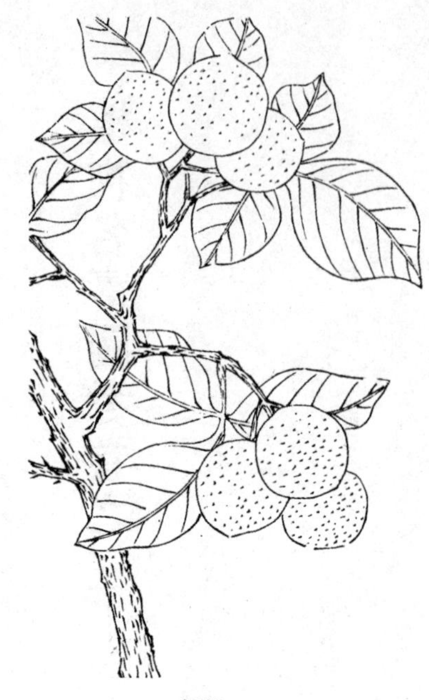
胡桃 743

林檎 743

榛 743

榅桲 743

菴羅果 744

柑 746

橙 747

新會橙 747

荔支 747

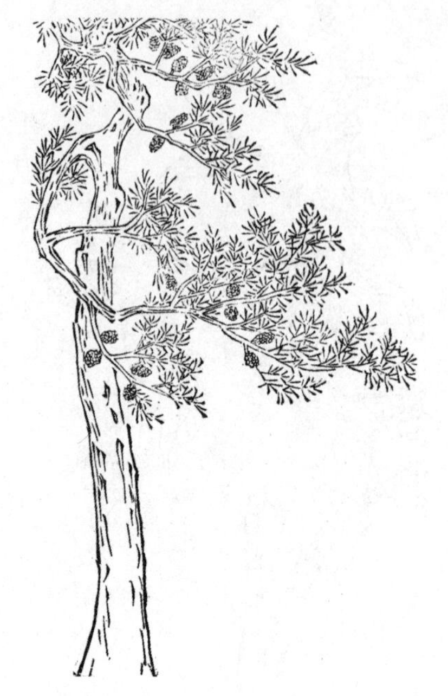

水松 748

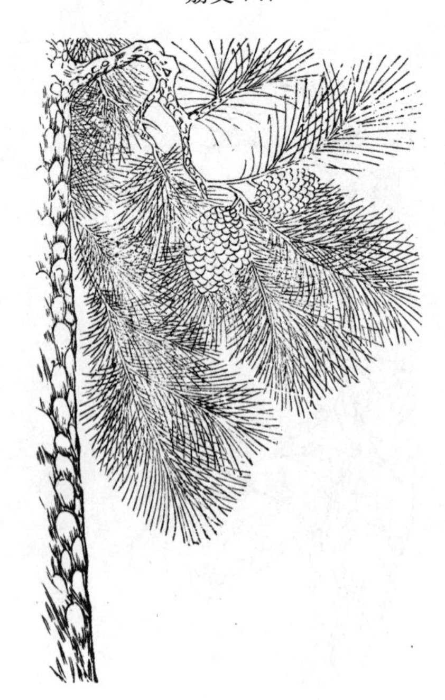

海松子 748

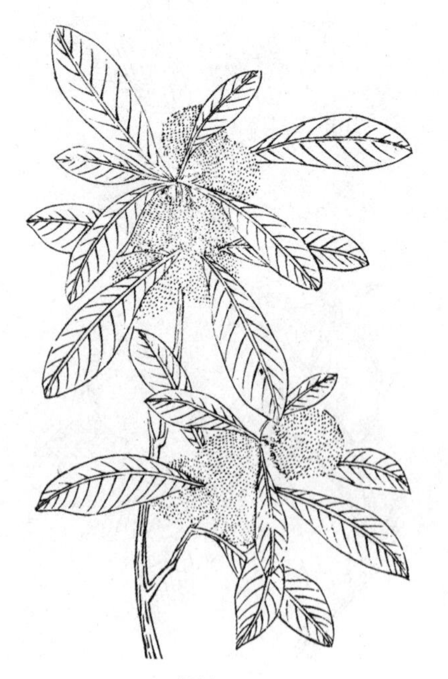

楊梅 749

椰子 750

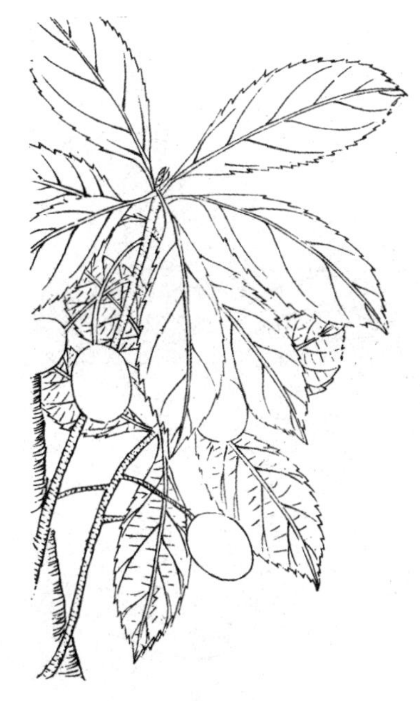

橄欖 749

桄榔子 750

烏欖 749

甜瓜 750

椑柹 750

枸橼 752

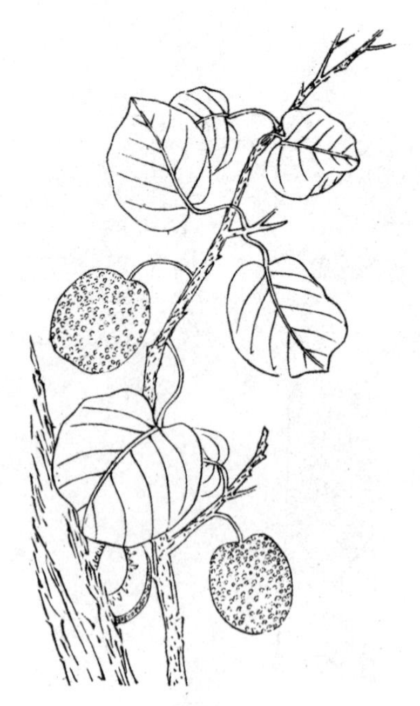
獼猴桃 750

銀杏 752

金橘 752

西瓜 752

公孫桔 752

黄皮果 755

人面子 755

羊矢果 756

蘋婆 755

秋風子 756

㮲果 757

蜜羅 756

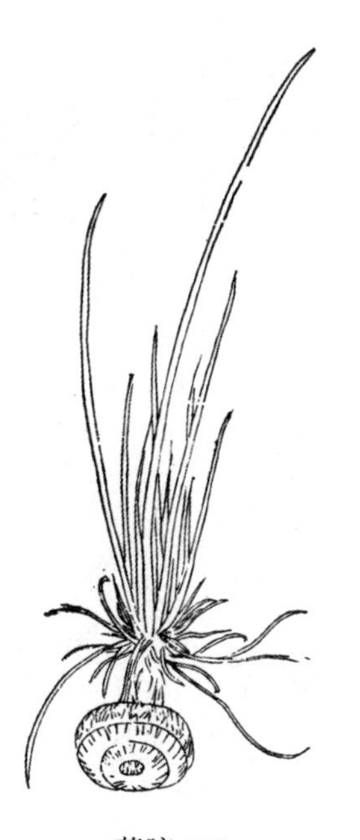
葧臍 758

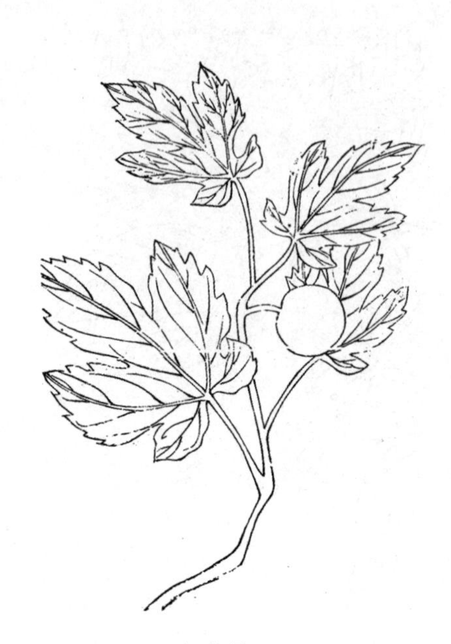
無花果 758

棠梨 758

海紅 758

天茄子 758

天師栗 759

波羅蜜 758

露兜子 760

五斂子 759

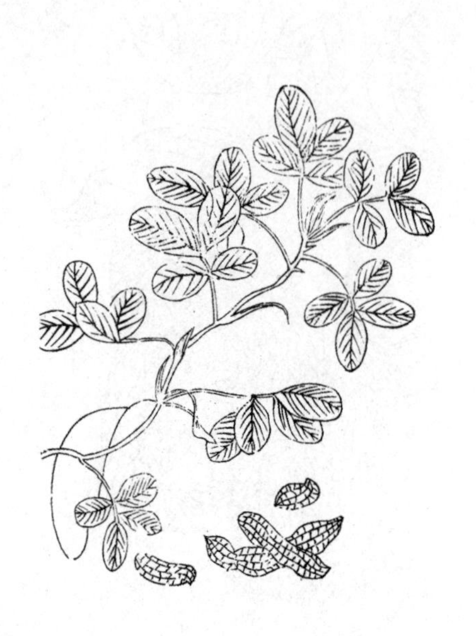
落花生 760

榧子 760

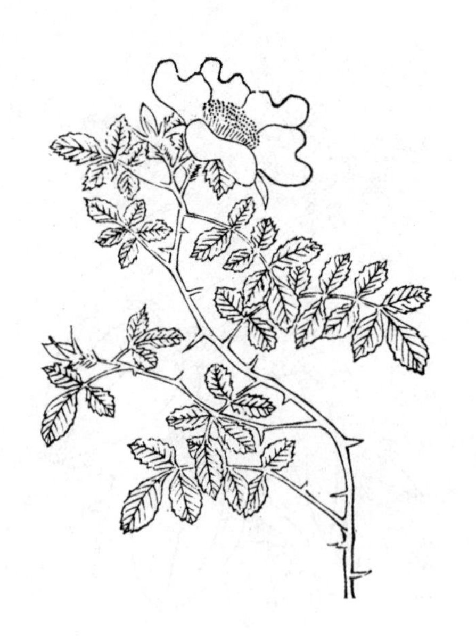
糖刺果 761

雞矢果 760

佛桃 762

番荔枝 761

岡拈子 762

番瓜 762

山橙 762

瓦瓜 763

黎檬子 763

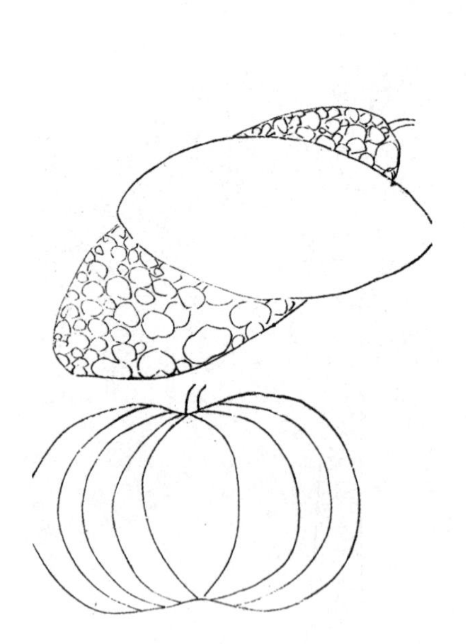

哈蜜瓜 763

木桃兒樹 765

野木瓜 764

文冠果 765

水茶臼 765

櫨子樹 766

植物名實圖考卷之三十二　果類

蘡薁 767

棗 767

橘 768

葡萄 767

蓮藕 770

柚 768

芡 770

橘紅 768

杏 772

梅 772

栗 772

桃 772

山櫻桃 773

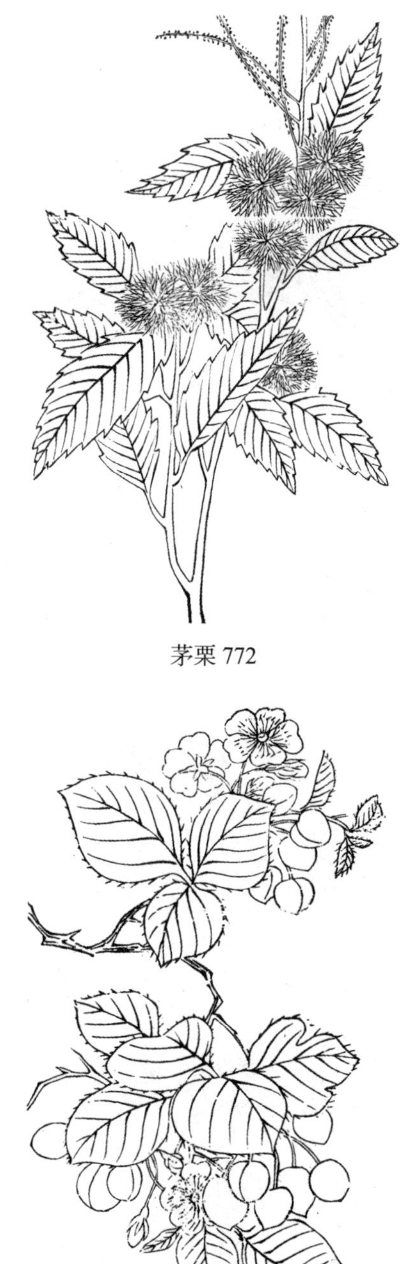

茅栗 772

芰 773

櫻桃 773

枇杷 777

柿 777

龍眼 778

木瓜 777

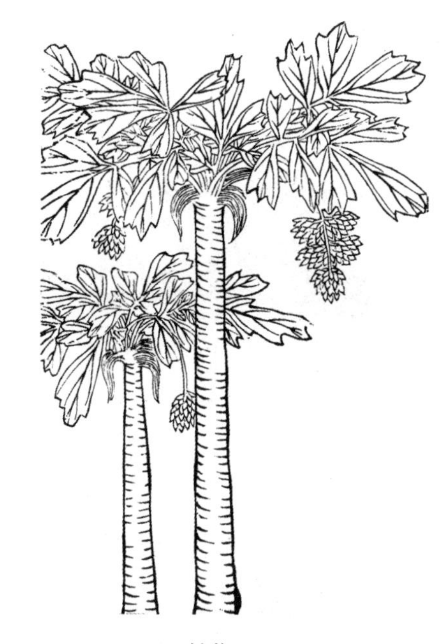

檳榔 778

甘蔗 778

烏芋 779

慈姑 779

李 780

梨 779

南華李 780

淡水梨 779

榧實 780

柰 780

枳椇 780

安石榴 780

橡實 781

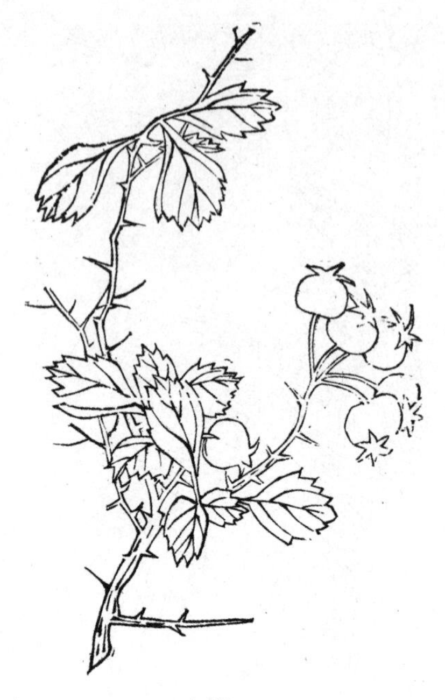

山楂 781

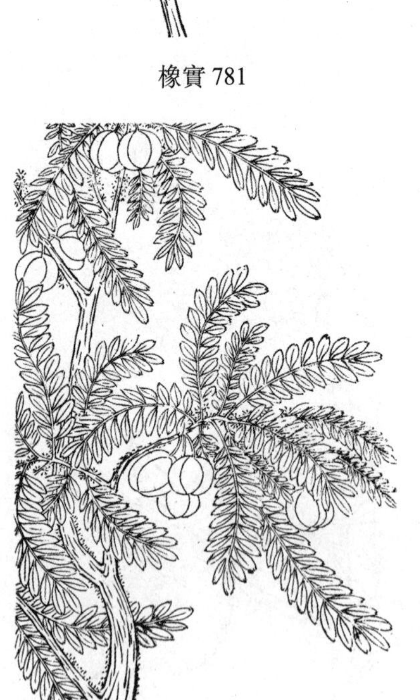

菴摩勒 782

槲實 781

錐栗 782

苦櫧子 782

麪櫧 783

韶子 784

軟棗 784

都角子 784

椋子 785

石都念子 784

無漏子 785

植物名實圖考卷之三十三　木類

刺柏 787

柏 787

松 788

檜 787

蒙自桂樹 790

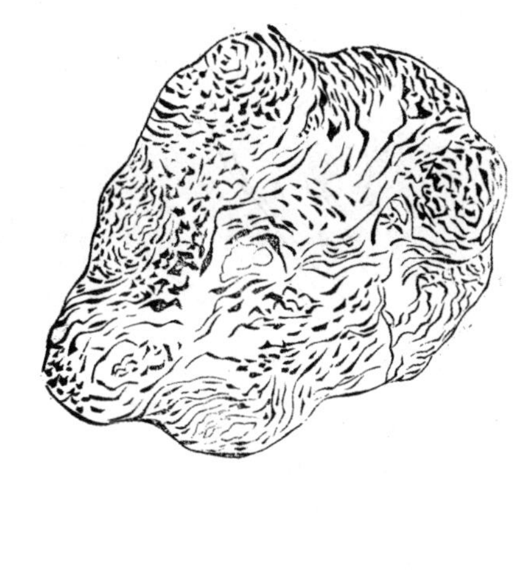

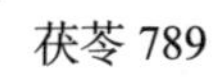

茯苓 789

巖桂 790

桂 789

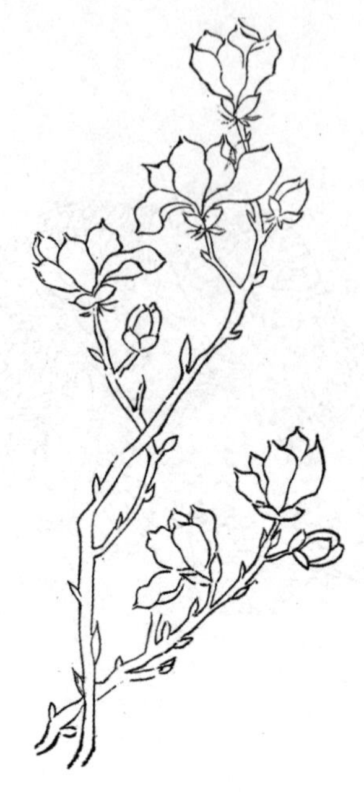

木蘭 794

桂寄生 790

辛夷 796

木蘭 794

欒木 797

杜仲 797

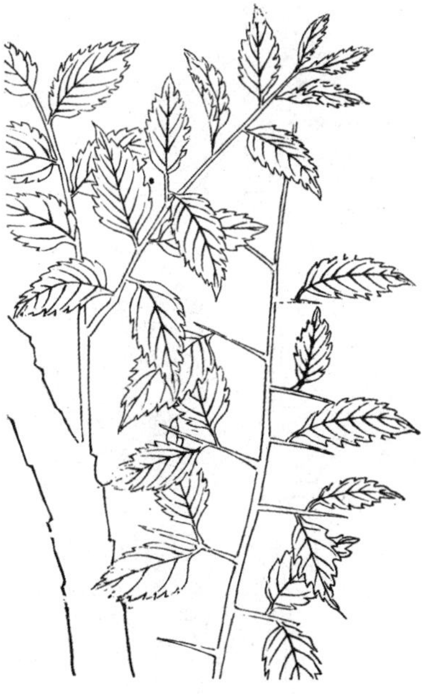

榆 798

槐 797

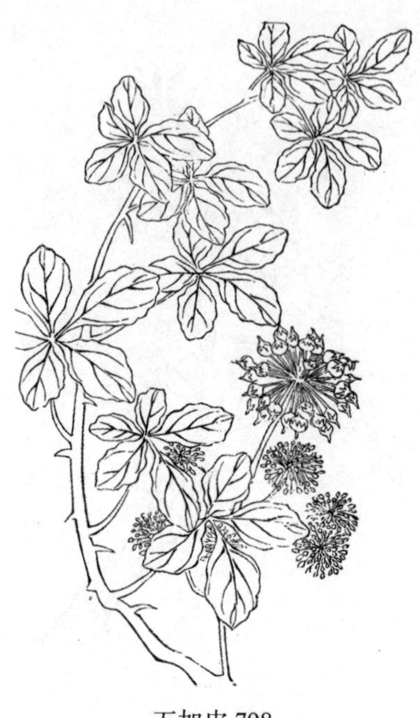

五加皮 798

漆 798

枸杞 799

女貞 798

酸棗 799

溲疏 799

蕤核 800

蔓荆 799

合歡 801

厚朴 800

皁莢 801

秦皮 800

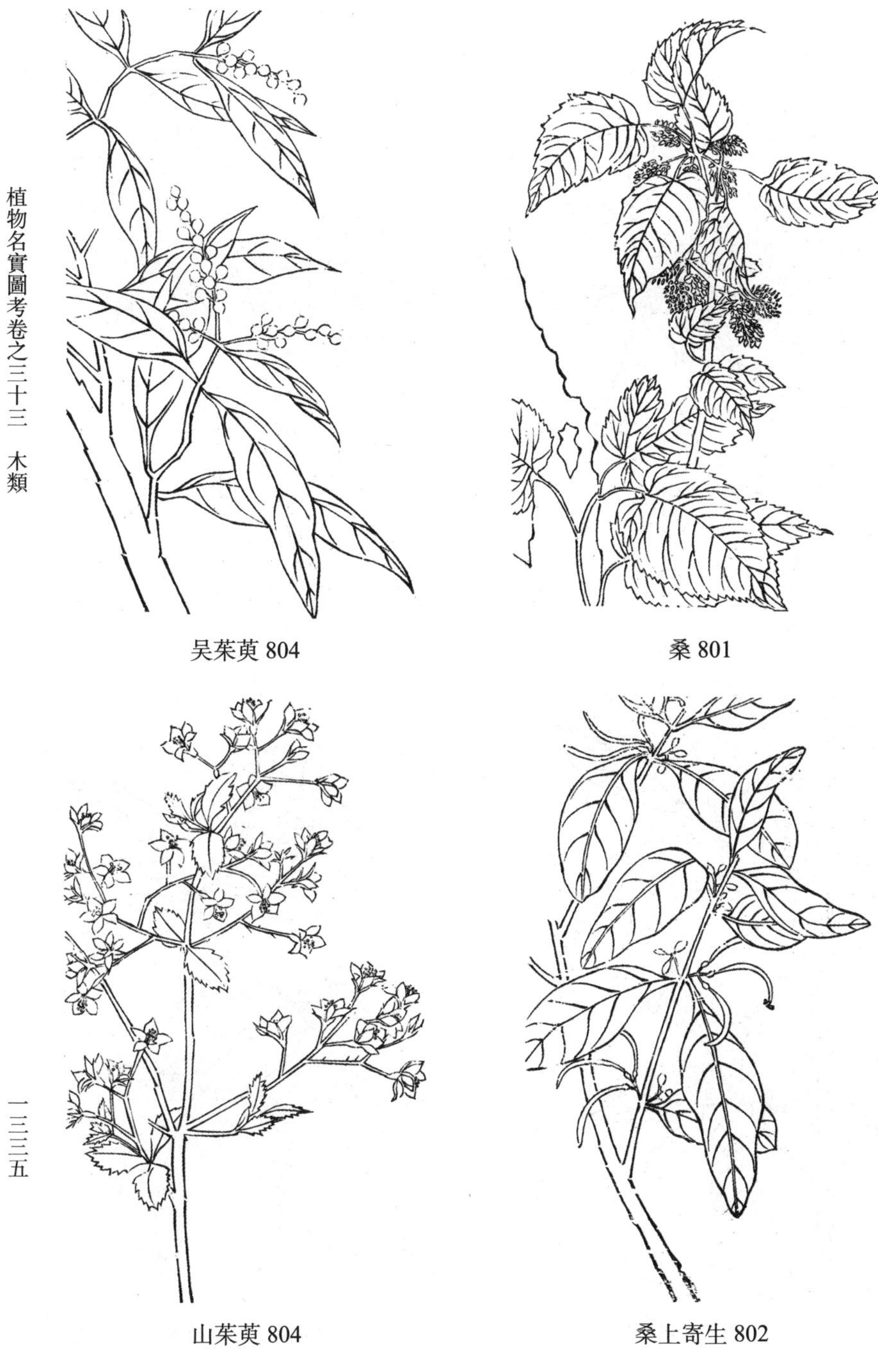

吴茱萸 804

桑 801

山茱萸 804

桑上寄生 802

崖椒 805

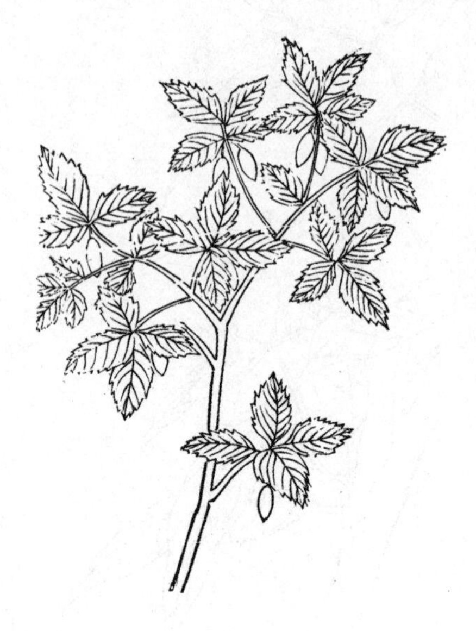

山茱萸

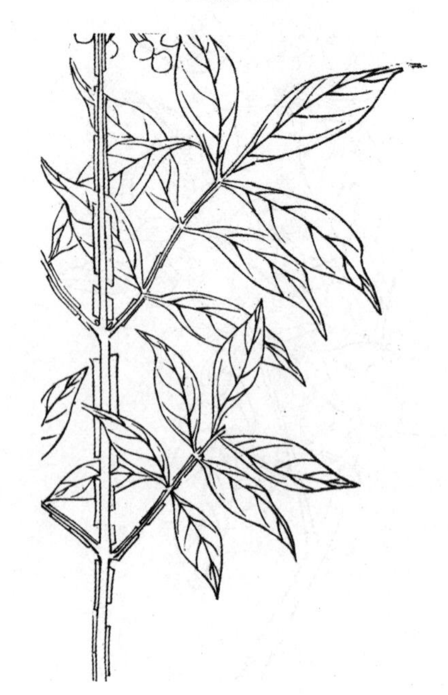

衛矛 805

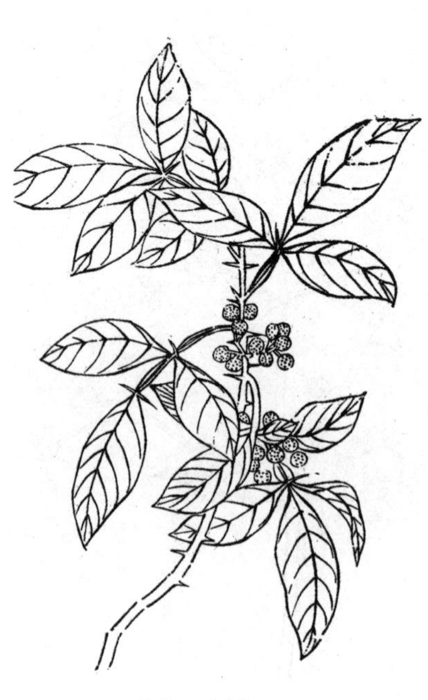

秦椒　蜀椒 804

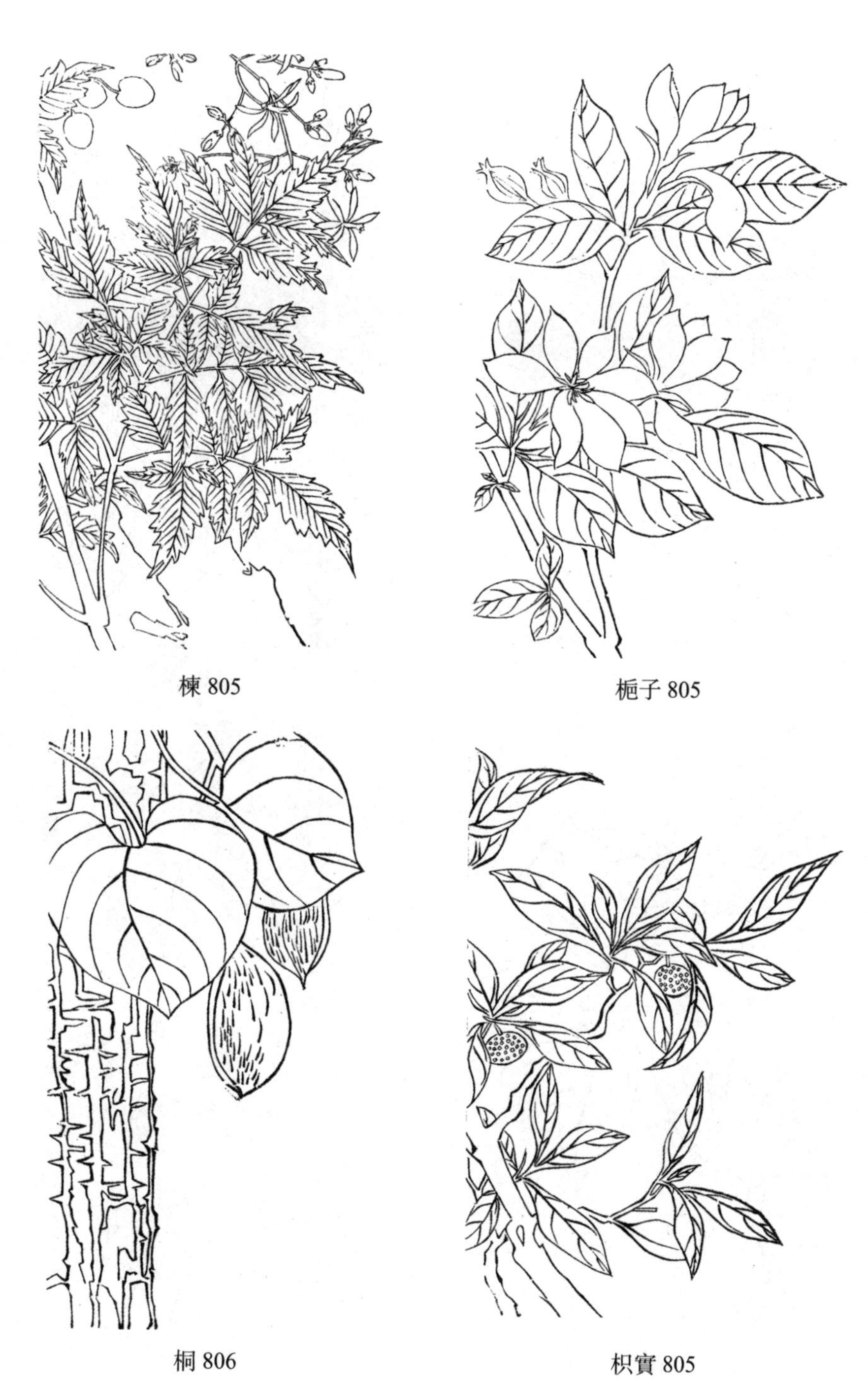

楝 805

梔子 805

桐 806

枳實 805

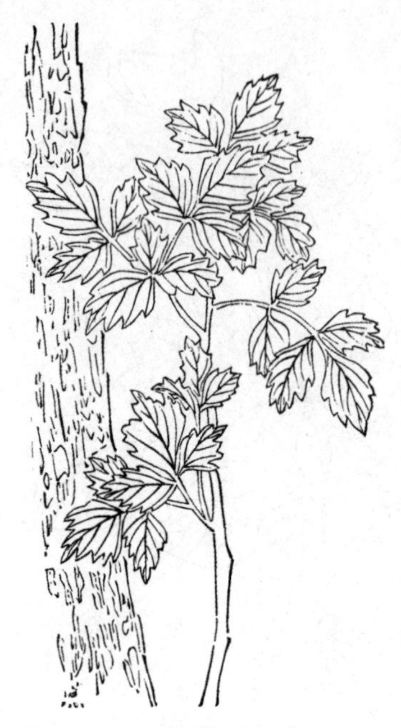
欒華 806

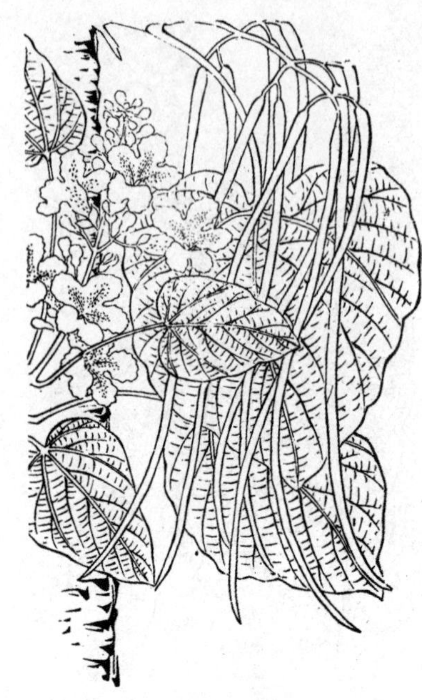
梓 806

石南 806

柳 806

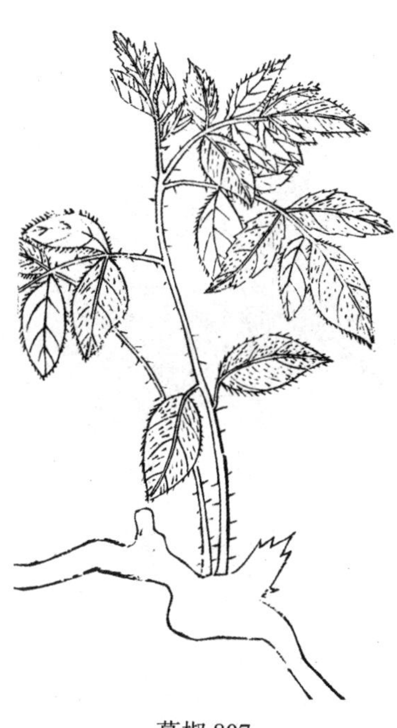

蔓椒 807

郁李 807

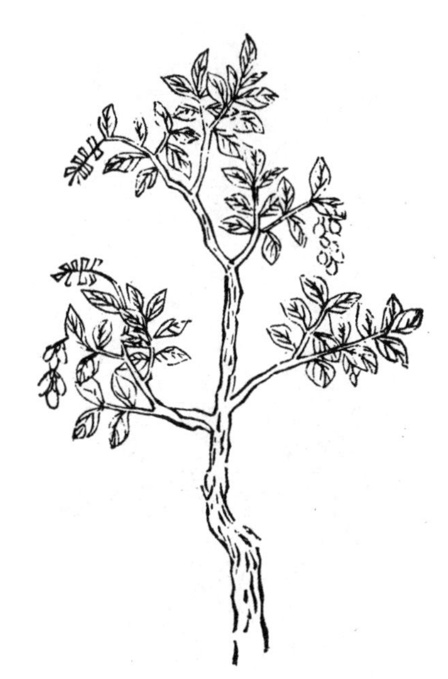

巴豆 808

鼠李 807

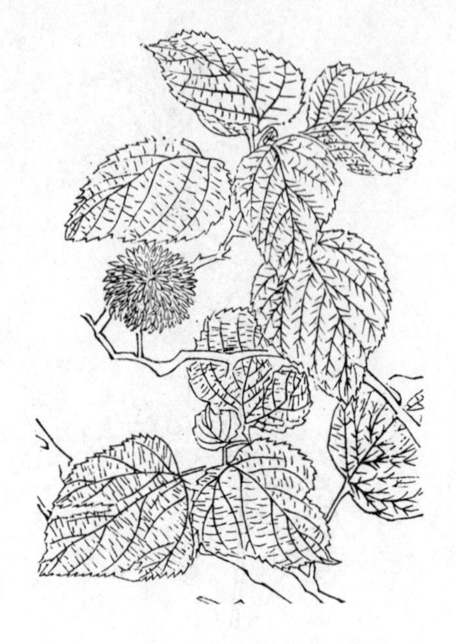

楮 808

豬苓 808

杉 809

詹糖香 808

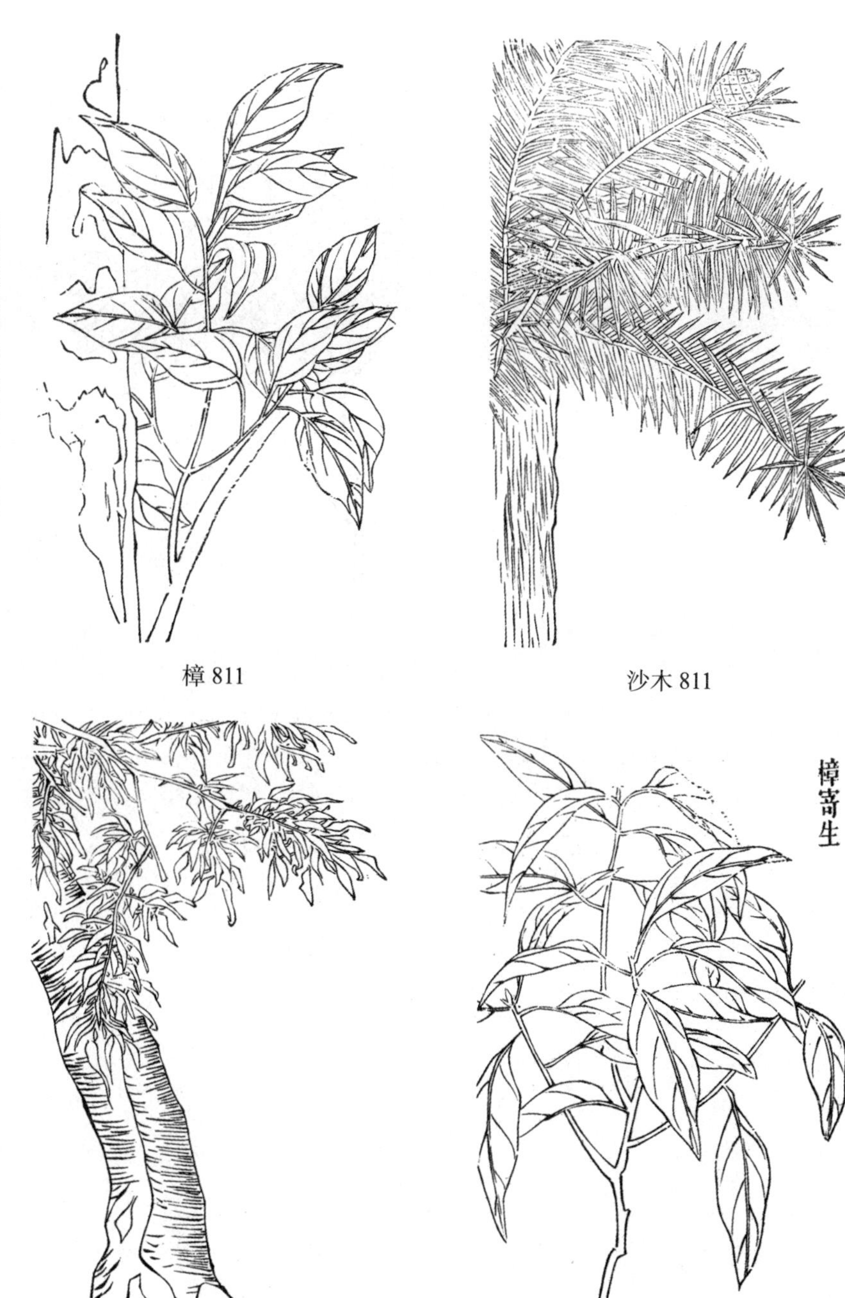

樟 811

沙木 811

檀香 813

樟 811

欅 813

植物名實圖考卷之三十四　木類

稓芽樹 815

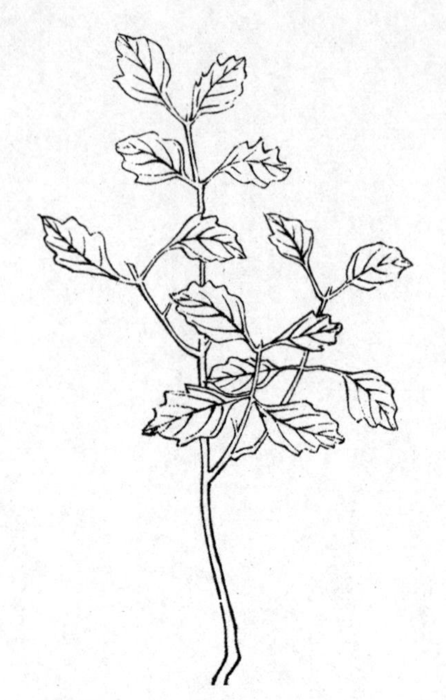

雲葉 815

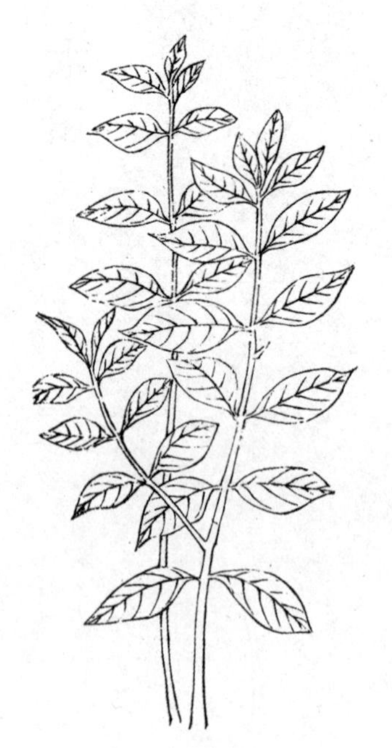

月芽樹 816

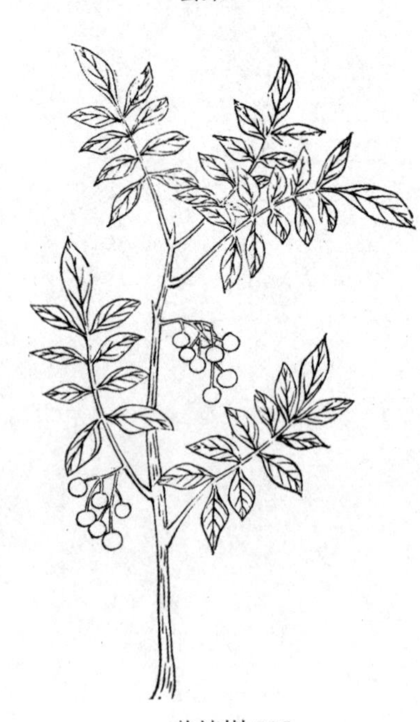

黄楝樹 815

槭樹芽 816

回回醋 816

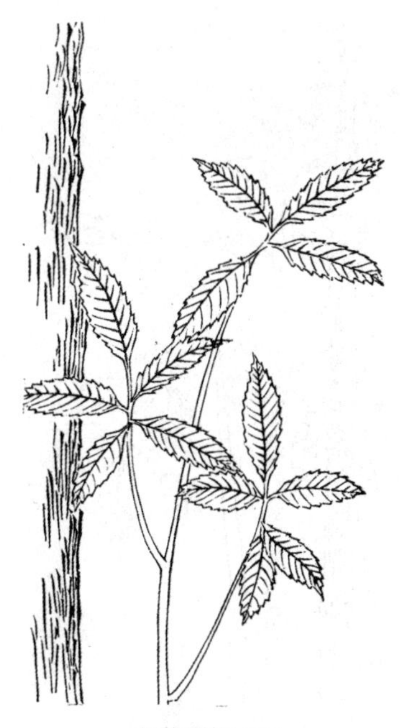
老葉兒樹 817

白槿樹 816

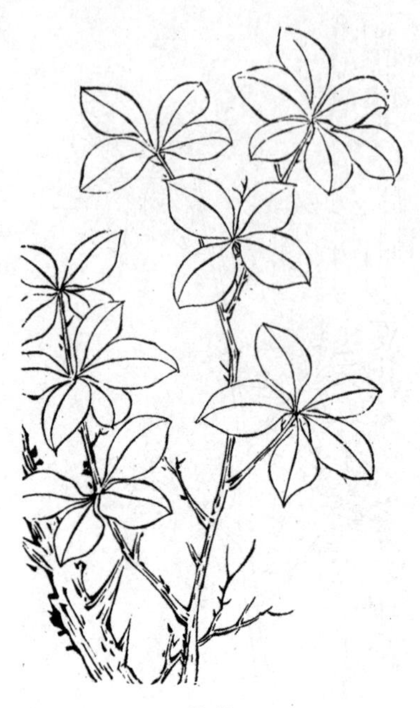
山茶科 818

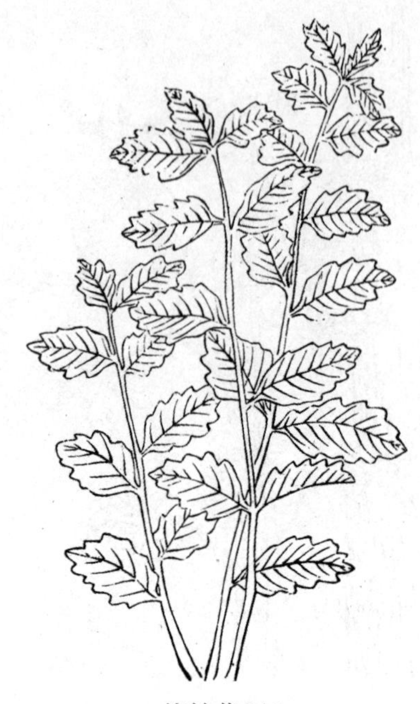
龍柏芽 817

木葛 818

兜櫨樹 817

花楸樹 818

烏棱樹 819

白辛樹 818

刺楸樹 819

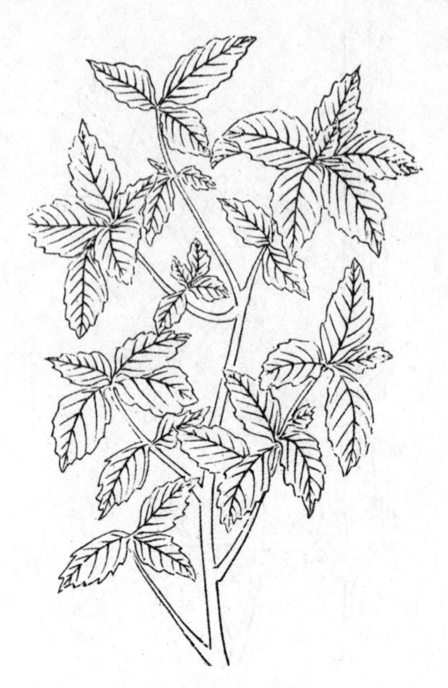

黄絲藤 819

[竹/絖]樹 820

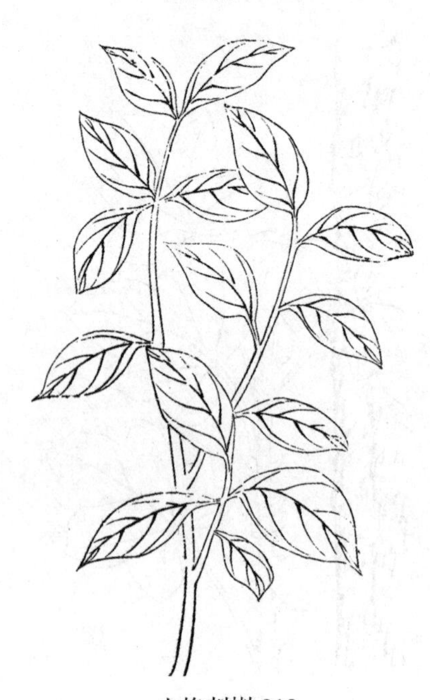

山格刺樹 819

報馬樹 820

椵樹 820

堅莢樹 821

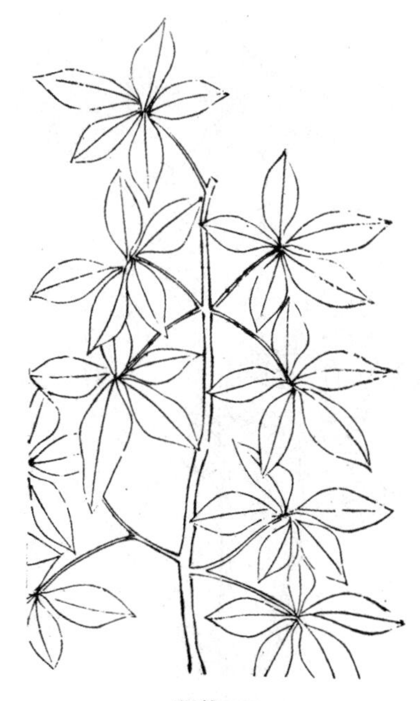

臭蕻 821

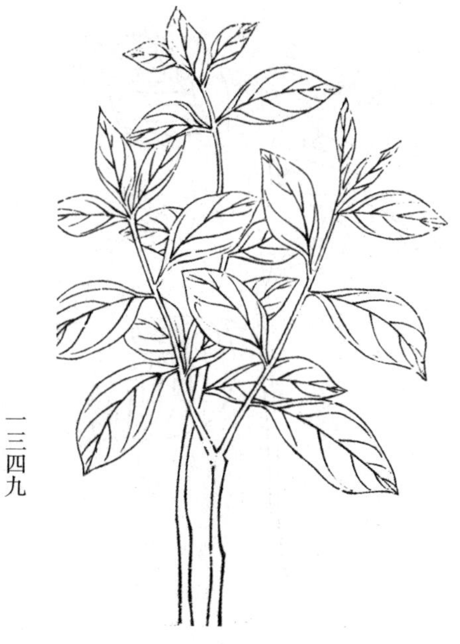

臭竹樹 822

青舍子條 822

馬魚兒條 822

驢駝布袋 823

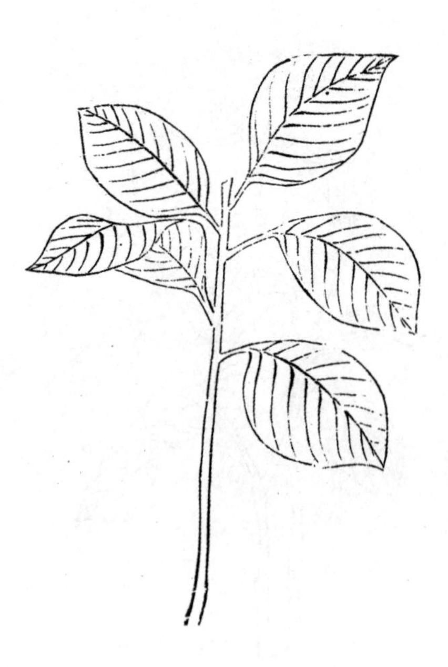
老婆布鞊 822

婆婆枕頭 823

青檀樹 823

植物名實圖考卷之三十五　木類

檽 825

楓 825

白楊 826

椿 825

水楊 826

青楊 826

胡桐淚 826

莢蒾 826

欒荆 827

蘇方木 827

茶 828

烏臼木 827

賣子木 828

椋子木 828

毗梨勒 829

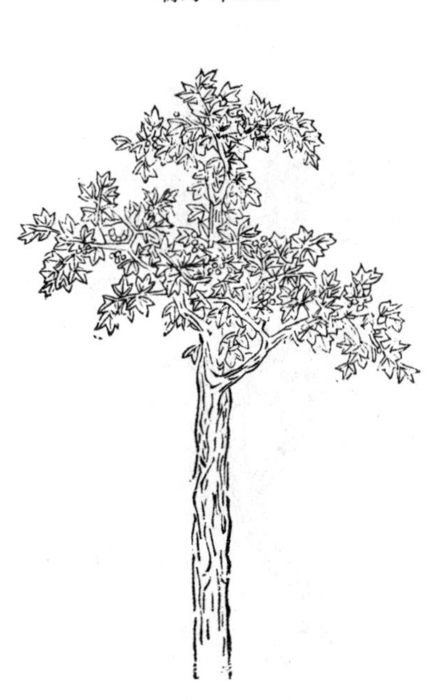

接骨木 828

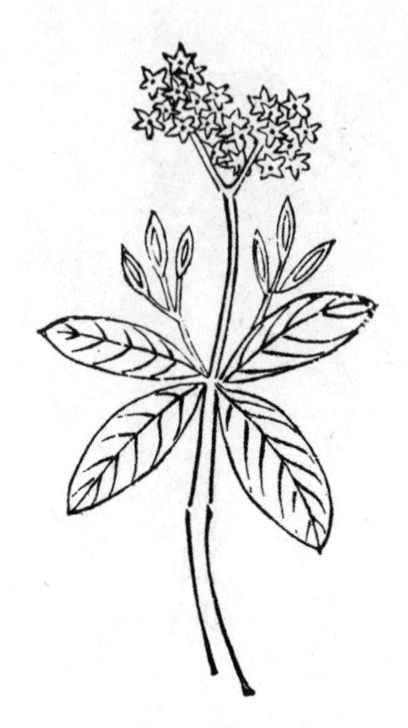

訶梨勒 829

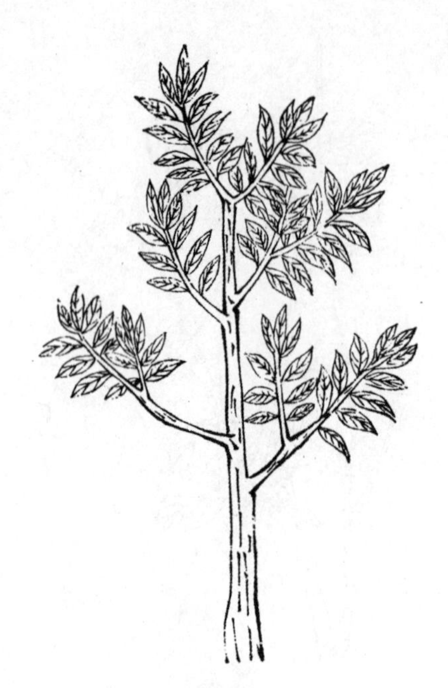

阿魏 830

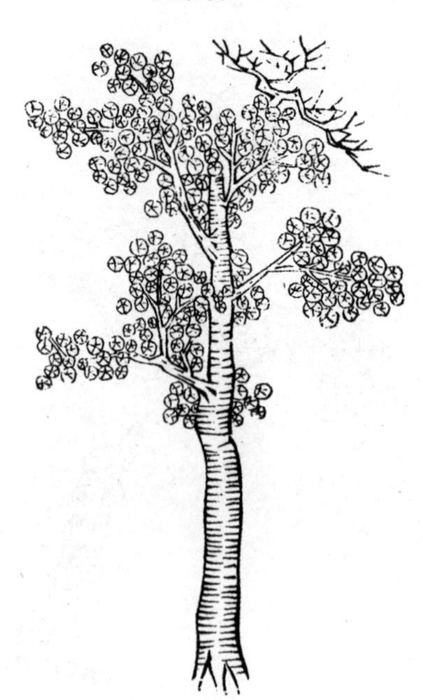

騏驎竭 829

無食子 830

檀 830

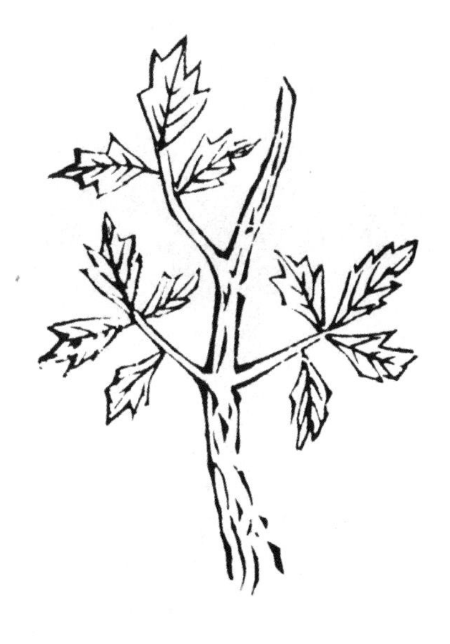
大空 830

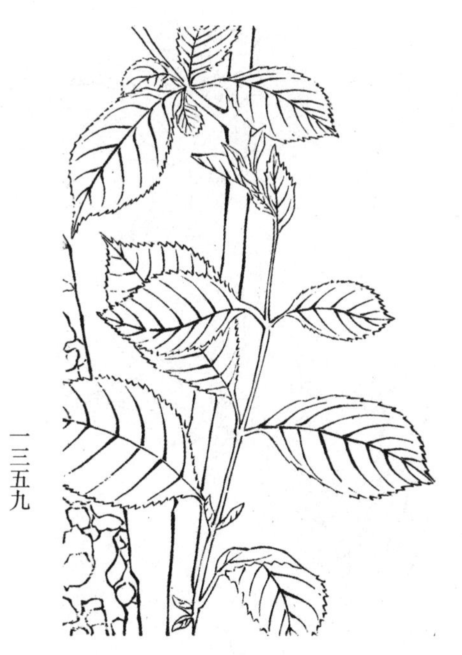
梓榆 830

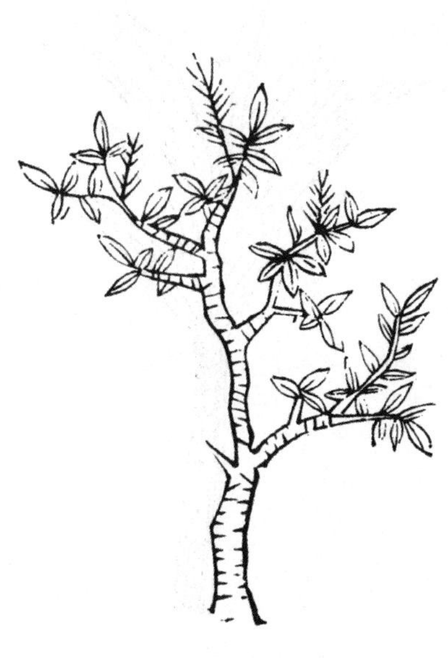
木天蓼 830

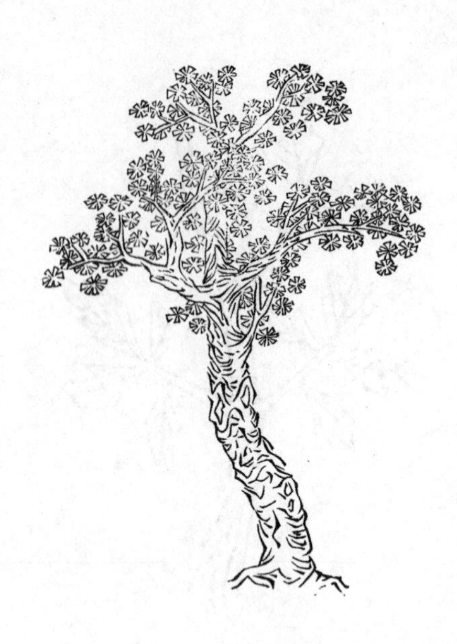

椆木 831

罌子桐 831

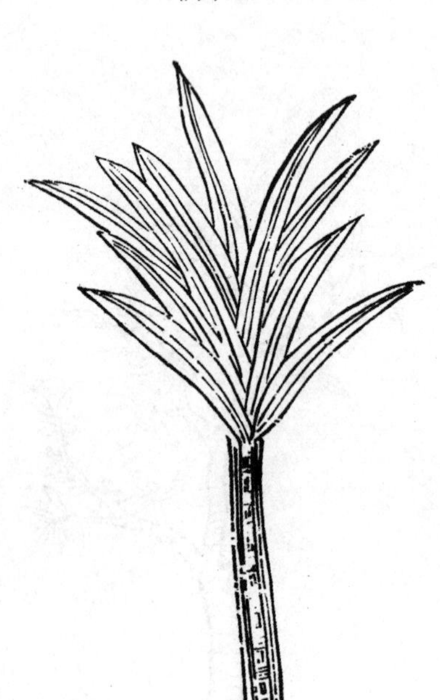

莎木 831

奴柘 831

放杖木 832

石刺木 832

棇木 832

盧會 832

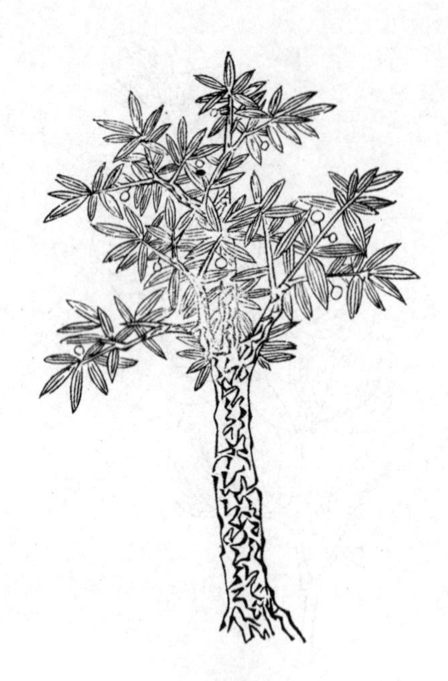

樺木 833

木槿 832

檉柳 833

無患子 833

紫荆 834

鹽麸子 833

南燭 834

密蒙花 833

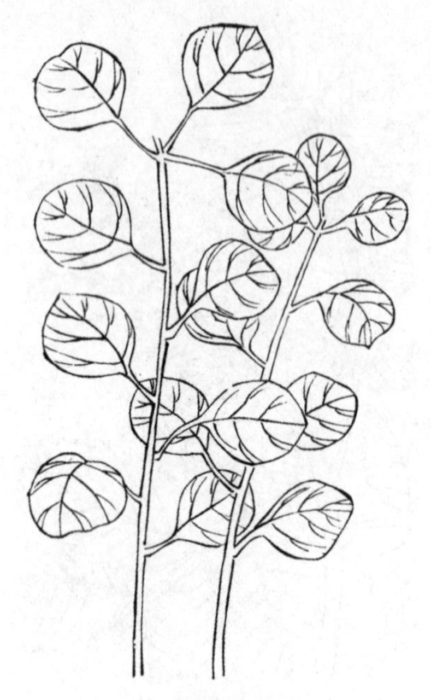

黄櫨 834

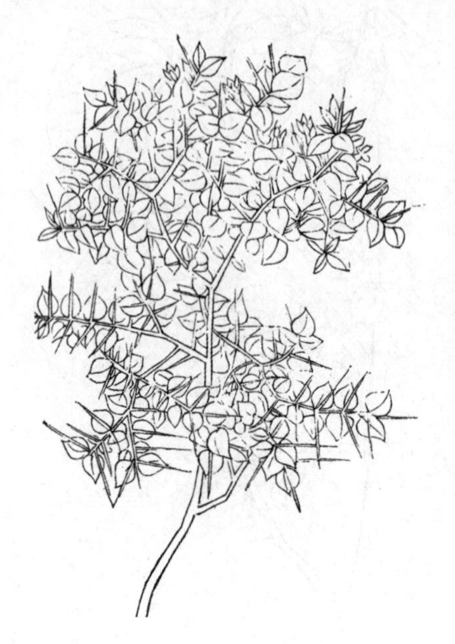

伏牛花 834

椶櫚 835

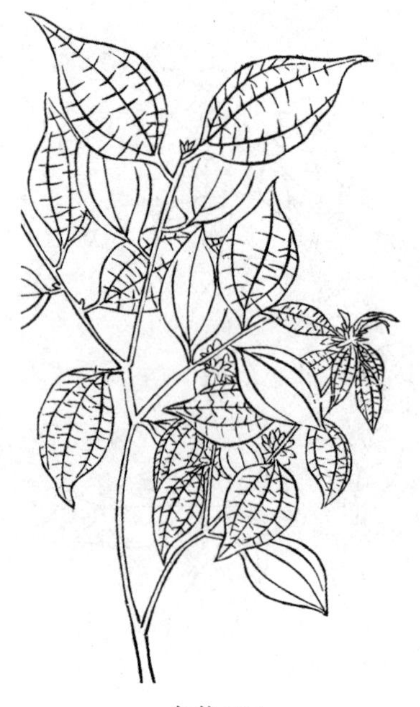

烏藥 834

柞樹 835

柘 835

金櫻子 835

柞木 835

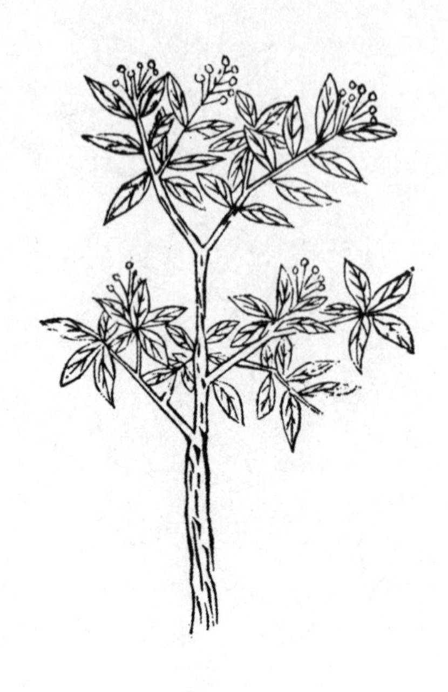
醋林子 836

枸骨 836

海紅豆 836

冬青 836

梧桐 837

大風子 836

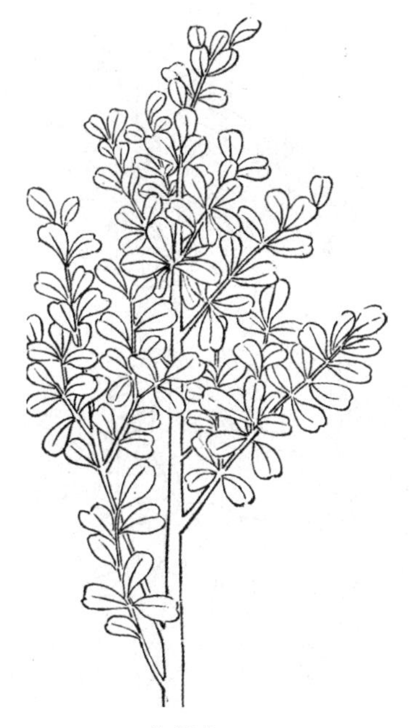

黄楊木 837

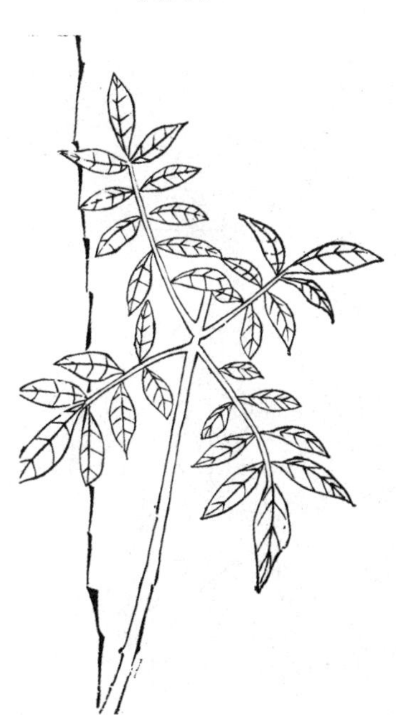

櫰香 836

山茶 837

扶桑 837

枸橘 838

木芙蓉 837

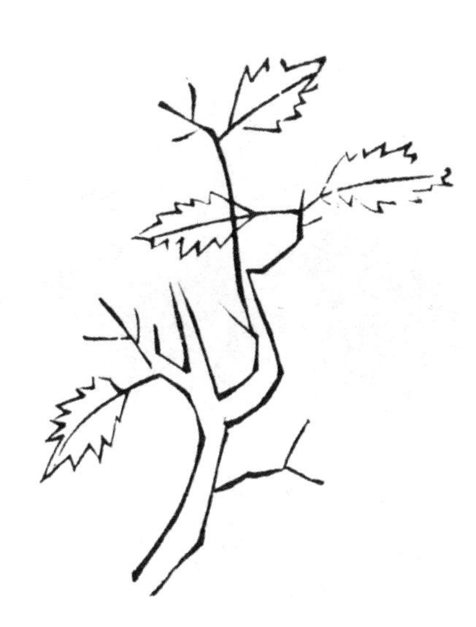

烏木 838

胡頽子 838

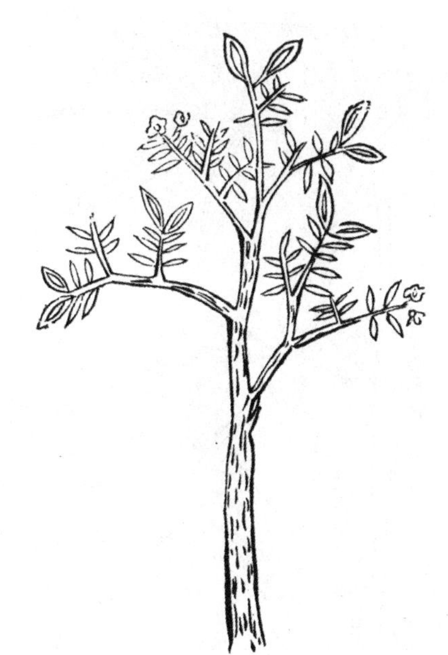

石瓜 838

蠟梅 838

相思子 839

竹花 839

植物名實圖考卷之三十六　木類

優曇花 841

緬樹 843

優曇花 841

龍女花 844

雪柳 844

山梅花 844

大毛毛花 845

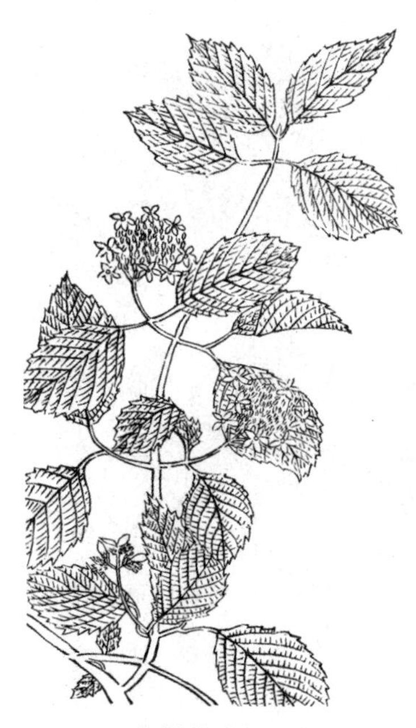

蝴蝶戲珠花 844

皮袋香 845

滇桂 846

珍珠花 846

野李花 846

昆明山海棠 846

山桂花 847

野櫻桃 847

馬銀花 848

野香櫞花 848

山海棠 849

象牙樹 848

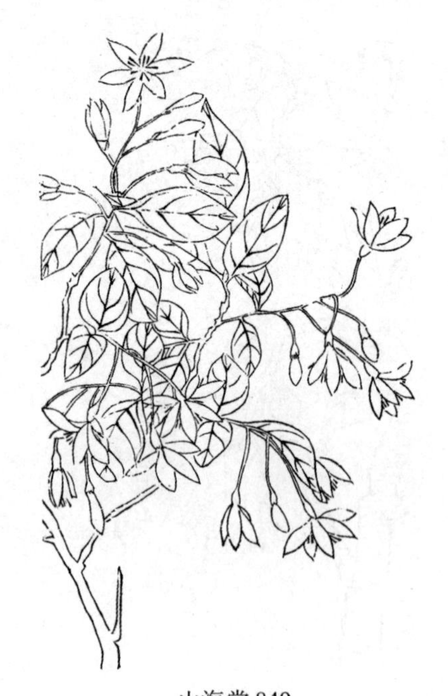

山海棠 849

金絲杜仲 849

炭栗樹 850

栗寄生 850

水東瓜木 850

野春桂 850

棉柘 851

衣白皮 850

樹頭菜 851

馬藤 851

昆明烏木 851

金剛刺 852

簸赭子 851

滇厚朴 853

千張紙 852

山梔子 853

雪柳 852

厚皮香 853

老虎刺寄生 853

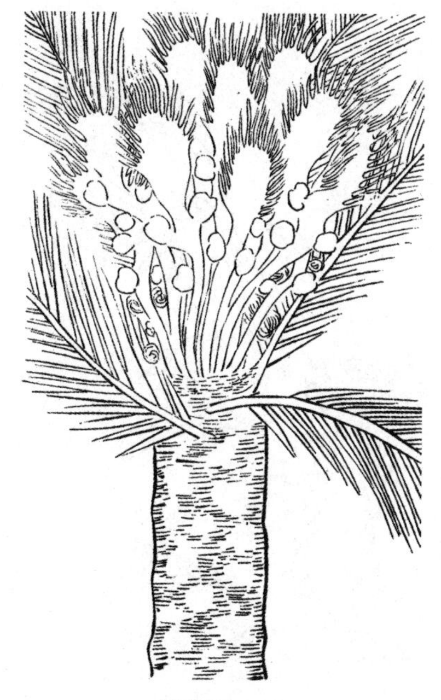

鐵樹果 854

柏寄生 853

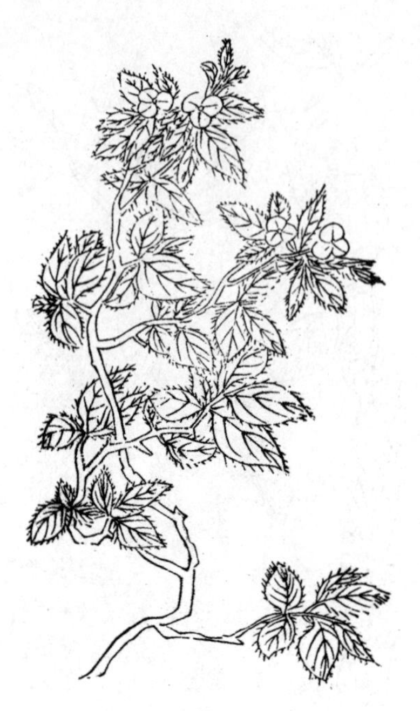
鴉蛋子 854

滇山茶葉 854

金絲杜仲 854

滇大葉柳 854

桐樹 855

紅木 854

紫羅花 855

蠟樹 855

大黄連 856

狗椒 855

寄母 856

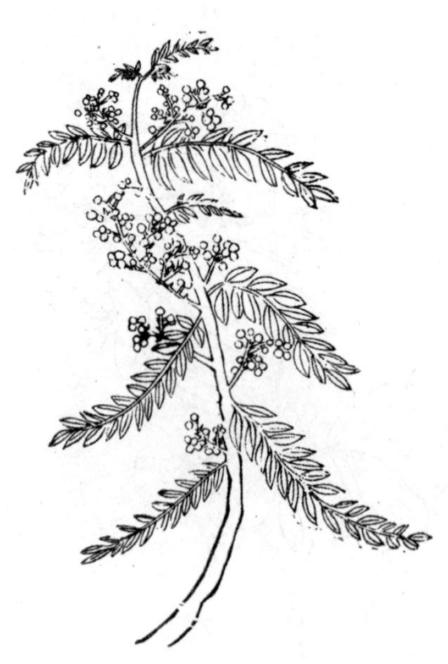
馬椒 855

刺緑皮 856

植物名實圖考卷之三十七　木類

青岡樹 859

椆 857

寶樹 860

黄連木 858

榕 862

羅漢松 861

椂木 862

何樹 861

蝱榔 863

蚊子樹 864

蚊榔樹 864

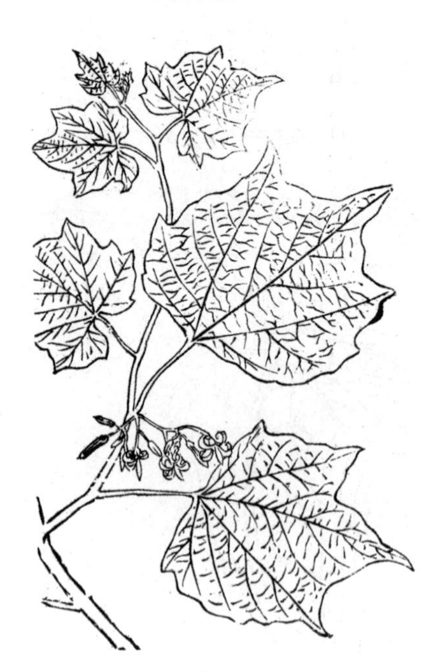
八角楓 864

牛奶子 865

野檀 865

牛奶子 865

小蠟樹 865

陽春子 866

羊嬭子 866

野胡椒 866

羊奶子 866

鳳尾蕉 868

樹腰子 867

椶櫚竹 868

菩提樹 867

水楊柳 868

櫱木 869

蔡木 869

蕤核 870

蕤核 871

杄 872

楨樹 872

樺木 873

黄蘆木 874

欒華 874

植物名實圖考卷之三十八　木類

化香樹 877

野鴉椿 877

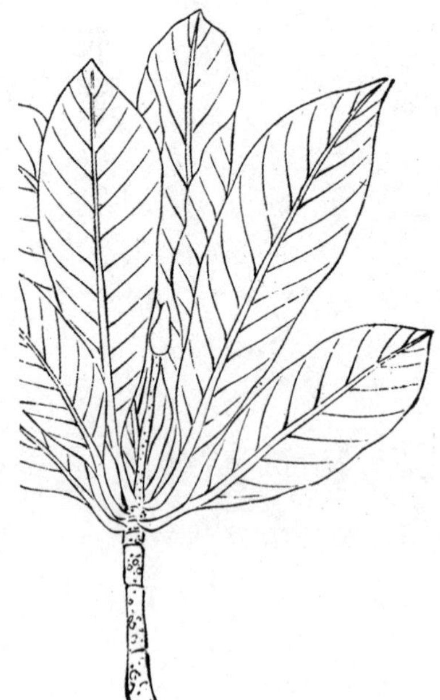
土厚朴 878

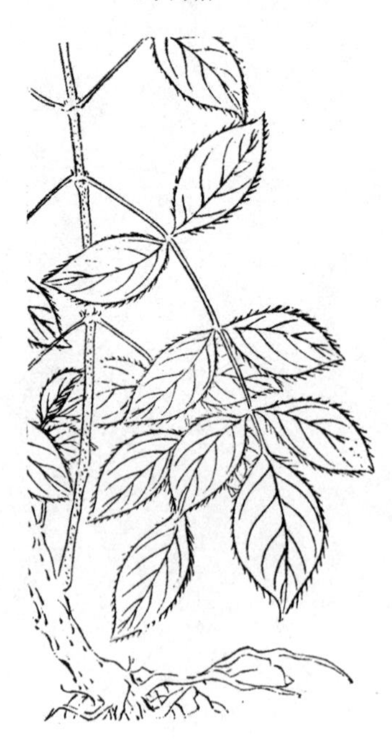
野鴉椿 877

吉利子樹 878

酒藥子樹 878

萬年青 879

苦茶樹 878

繡花鍼 879

賭博賴 880

馬棘 879

萬年紅 880

鬧狗子 881

野樟樹 880

野漆樹 881

赤藥子 880

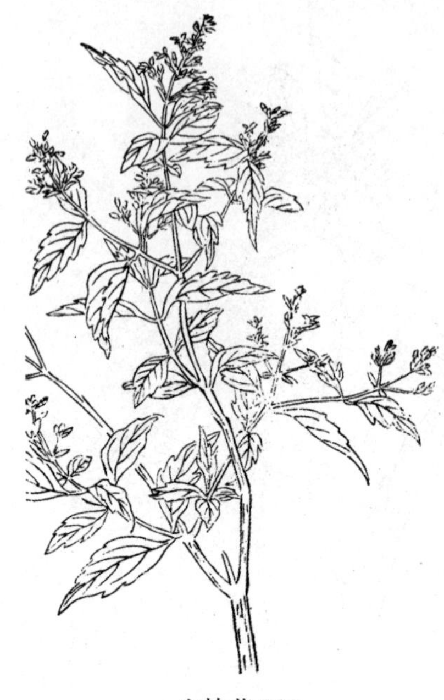
山桂花 881

紫荆花 882

見風消 881

檵花 882

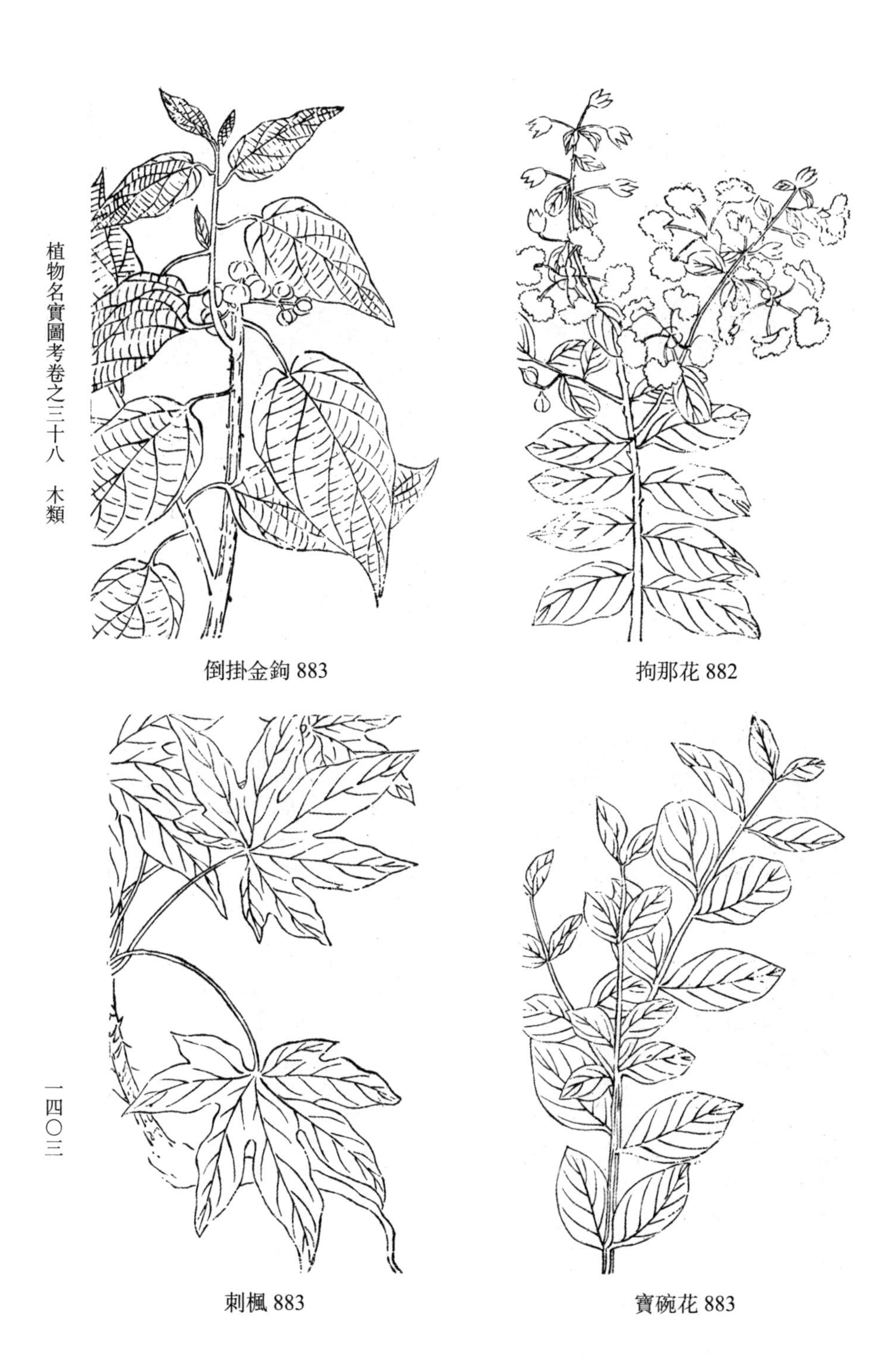

拘那花 882

倒掛金鉤 883

寶碗花 883

刺楓 883

三角楓 884

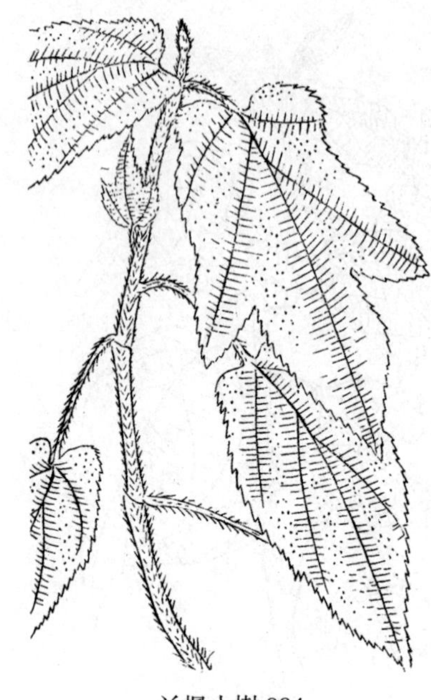
丫楓小樹 884

十大功勞 884

三角楓 884

烏口樹 885

十大功勞 884

旱蓮 885

望水檀 885

接骨木 886

水楊梅 885

野紅花 886

香花樹 886

虎刺樹 886

小銀茶匙 887

半邊風 886

田螺虎樹 887

水蔓子 887

白花樹 887